细长杆多腔模注塑成型工艺多因素多目标集成优化

谭小红 著

电子工业出版社
Publishing House of Electronics Industry
北京·BEIJING

内 容 简 介

本书以研究细长杆多腔模注塑成型工艺多因素多目标集成优化为主线，设计了一种基于平衡布置的一模四腔圆珠笔笔弹模具。

本书共8章，包括绪论、细长杆多腔模非平衡流动机理及平衡优化、Taguchi-CAE的集成在细长杆注塑成型工艺参数优化中的应用、Taguchi-RSM-CAE的集成在细长杆注塑成型工艺参数优化中的应用、遗传算法和神经网络的集成在细长杆注塑指标精度预测研究中的应用、Taguchi-RSM-GRA的集成在细长杆注塑成型工艺多目标优化中的应用、细长杆多腔模注塑成型工艺实证研究、结论与展望。

本书既可作为高等院校材料科学与工程、模具设计与制造相关专业学生的学习资料，也可作为相关专业工程技术人员的参考书。

未经许可，不得以任何方式复制或抄袭本书之部分或全部内容。

版权所有，侵权必究。

图书在版编目(CIP)数据

细长杆多腔模注塑成型工艺多因素多目标集成优化 /
谭小红著. -- 北京：电子工业出版社，2024. 12.
ISBN 978-7-121-49511-3

Ⅰ. TS951.14；TQ320.66

中国国家版本馆 CIP 数据核字第 2025DW9337 号

责任编辑：扈　婕

印　　刷：中国电影出版社印刷厂
装　　订：中国电影出版社印刷厂
出版发行：电子工业出版社
　　　　　北京市海淀区万寿路173信箱　　邮编：100036
开　　本：787×1092　1/16　印张：8.75　字数：207千字
版　　次：2024年12月第1版
印　　次：2024年12月第1次印刷
定　　价：68.00元

凡所购买电子工业出版社图书有缺损问题，请向购买书店调换。若书店售缺，请与本社发行部联系，联系及邮购电话：(010)88254888，88258888。

质量投诉请发邮件至 zlts@phei.com.cn，盗版侵权举报请发邮件至 dbqq@phei.com.cn。

本书咨询联系方式：hujie@phei.com.cn。

前　言

在当今竞争激烈的市场环境下，制造行业面临着持续提高产品质量和生产效率的挑战。特别是塑料制品行业，产品质量的稳定性和一致性是影响企业持续发展的关键因素。然而，对于细长杆类零件产品，特别是多腔模注塑成型的笔杆类零件，其制造过程存在着诸多技术难题，其中产品质量的一致性是笔类企业的技术瓶颈。本书针对多腔模细长杆类零件产品质量一致性的技术瓶颈展开深入探讨，提出一种细长杆多腔模注塑成型工艺多因素多目标集成优化方法。

本书共8章，第1章概括了研究背景和意义、注塑成型优化技术在国内外的研究现状，以及本书的主要内容。第2章通过构建细长杆注塑成型工艺中熔体充模流动的数学模型，提出了可以通过优化工艺参数组合来直接或间接地优化多腔模产品质量的思路。第3章对普通正交试验设计和基于信噪比的正交试验设计进行了极差、方差分析，对比了二者在寻求最优工艺参数组合和因素显著性方面的差异，并用试验验证了运用稳健技术的Taguchi试验方法在单目标问题上优于普通正交法。第4章通过建立基于中心组合设计(CCD)的细长杆响应面(RSM)回归模型，得到连续空间的最优工艺参数组合，与普通正交试验设计、基于信噪比的正交试验设计相比，精度更高，材料填充平衡性更好。第5章提出一种基于遗传算法和神经网络的集成优化设计方法，具有收敛速度快、与全局最优解的逼近程度高等优点。第6章提出基于灰色关联分析(GRA)的多腔模细长杆注塑成型多目标优化方法，获得了最佳优化效果。第7章开展以上优化及预测算法的试验验证，得出多种方法的集成可以极大地提高优化工艺精度的结论。第8章对本次研究进行总结，并对后续工作进行分析和展望。

在撰写本书的过程中，作者参阅了诸多论文、著作以及相关研究成果，这些资料对本书成稿具有关键性作用。此外，本书的撰写得到了作者博士生导师王雷刚教授的指导和帮助，在此向这些作者和个人致以衷心的感谢！

细长杆多腔模注塑成型属于复杂的跨学科问题，具有一定的理论研究难度和较高的应用价值。由于作者水平及经验有限，书中难免存在疏漏及不妥之处，敬请各位专家及同人不吝赐教。

作 者

2024 年 9 月

目 录

第 1 章 绪论 ··· 1

  1.1 研究背景和意义 ··· 1

    1.1.1 研究背景 ··· 1

    1.1.2 研究意义 ··· 1

  1.2 注塑成型优化技术的国内外研究现状 ··· 2

    1.2.1 注塑成型流道平衡优化 ··· 2

    1.2.2 注塑成型工艺参数的优化 ··· 4

  1.3 本书主要研究内容 ··· 13

第 2 章 细长杆多腔模非平衡流动机理及平衡优化 ·· 15

  2.1 多腔模平衡设计问题 ··· 15

  2.2 熔体充模过程的理论基础 ··· 16

    2.2.1 黏性流体力学的基本方程 ··· 16

    2.2.2 圆管熔体流动行为的数学模型 ··· 16

  2.3 造成平衡流道多腔模填充不平衡的因素 ·· 18

    2.3.1 流道拐角诱导多腔模填充不平衡 ··· 18

    2.3.2 模具的温度梯度导致多腔模填充不平衡 ······································· 19

    2.3.3 剪切诱导多腔模填充不平衡 ··· 19

  2.4 细长杆平衡流道的填充不平衡造成产品变形分析 ································ 23

    2.4.1 优化浇口位置并确定最优流道方案 ··· 23

    2.4.2 影响细长杆填充不平衡的工艺因素 ··· 26

  2.5 小结 ·· 30

第 3 章 Taguchi-CAE 的集成在细长杆注塑成型工艺参数优化中的应用 ········ 31

  3.1 引言 ·· 31

  3.2 信噪比的含义 ·· 32
  3.3 基于正交设计的注塑成型工艺参数优化 ····························· 33
    3.3.1 试验安排 ·· 33
    3.3.2 PP 材料注塑成型工艺参数优化 ······························ 34
    3.3.3 PC 材料注塑成型工艺参数优化 ······························ 37
    3.3.4 PC+ABS 材料注塑成型工艺参数优化 ·························· 39
    3.3.5 PP、PC、PC+ABS 材料成型特性小结 ·························· 41
  3.4 基于信噪比的 PP 注塑成型工艺参数优化 ··························· 42
  3.5 普通正交试验设计和 Taguchi 正交试验设计优化结果分析 ············ 46
  3.6 小结 ··· 48

第 4 章 Taguchi-RSM-CAE 的集成在细长杆注塑成型工艺参数优化中的应用 ···· 49
  4.1 引言 ··· 49
  4.2 RSM 研究方法 ·· 50
    4.2.1 RSM 研究方法简介 ·· 50
    4.2.2 响应面的各因素(变量)之间的交互作用 ······················ 50
    4.2.3 响应面试验设计方法 ······································ 51
    4.2.4 响应面的构造及检验过程 ·································· 53
  4.3 RSM-CAE 的集成在 PP 细长杆注塑成型工艺参数多目标优化中的应用 ··· 57
    4.3.1 细长杆注塑响应面研究概述 ································ 57
    4.3.2 试验设计 ·· 58
    4.3.3 响应面模型 ·· 61
  4.4 RSM-CAE 的集成在 PC 细长杆注塑成型工艺参数多目标优化中的应用 ··· 68
    4.4.1 PC 材料体积收缩率试验模型及响应面分析 ···················· 68
    4.4.2 PC 材料最大轴向变形试验模型及响应面分析 ·················· 71
    4.4.3 PP 材料、PC 材料的成型工艺对收缩和变形的影响比较 ·········· 74
  4.5 普通正交试验、基于信噪比的正交试验和响应面试验的优化结果比较 ··· 74
  4.6 小结 ··· 75

第 5 章 遗传算法和神经网络的集成在细长杆注塑指标精度预测研究中的应用 ···· 76
  5.1 引言 ··· 76
  5.2 人工神经网络介绍 ·· 77
    5.2.1 人工神经网络原理 ·· 78

5.2.2　BP 神经网络 ·· 79
　　5.2.3　BP 神经网络的设计和训练 ································ 82
5.3　遗传算法介绍 ··· 84
　　5.3.1　遗传算法的基本原理 ·· 84
　　5.3.2　遗传算法在神经网络中的应用 ······························ 85
　　5.3.3　基于遗传算法的神经网络训练 ······························ 85
5.4　GA-BP-Taguchi 的集成在 PP 细长杆体积收缩率精度预测研究中的应用 ··· 87
　　5.4.1　GA-BP 神经网络训练和预测精度检验 ······················ 87
　　5.4.2　Taguchi 正交试验和 GA-BP 神经网络的结合寻优与预测 ····· 91
5.5　GA-BP-RSM 的集成在 PC 细长杆最大轴向变形精度预测研究中的应用 ··· 92
　　5.5.1　GA-BP 神经网络训练和预测精度检验 ······················ 92
　　5.5.2　RSM 和 GA-BP 的结合寻优与预测 ························· 95
　　5.5.3　GA-BP 组合预测模型应用 ·································· 96
5.6　小结 ·· 97

第 6 章　Taguchi-RSM-GRA 的集成在细长杆注塑成型工艺多目标优化中的应用 ··· 98
6.1　引言 ·· 98
6.2　灰色关联分析的方法与步骤 ······································ 99
6.3　灰色关联系数的讨论 ··· 101
6.4　Taguchi-GRA 的集成在细长杆注塑成型品质多目标优化中的应用 ······ 102
　　6.4.1　基于 Taguchi 正交试验和灰色关联分析集成的注塑成型工艺参数优化 ··· 102
　　6.4.2　多目标的灰色关联度计算 ·································· 103
　　6.4.3　灰色关联度的极差与方差分析 ······························ 103
　　6.4.4　连续空间的预测模型 ······································· 105
　　6.4.5　多种优化方法比较 ··· 106
6.5　RSM-GRA 的集成在细长杆注塑成型品质多目标优化中的应用 ········ 107
　　6.5.1　基于 CCD 试验的灰色关联度计算 ·························· 107
　　6.5.2　基于响应面的参数显著性分析和预测模型 ·················· 109
6.6　基于灰色关联分析和理想解法的注塑成型品质多目标优化 ············ 109
6.7　小结 ·· 113

第 7 章　细长杆多腔模注塑成型工艺实证研究 ·························· 114
7.1　引言 ··· 114

7.2 模具设计 ·· 114
7.3 试验部分 ·· 115
　　7.3.1 试验材料 ··· 115
　　7.3.2 试验设备 ··· 115
　　7.3.3 优化参数的试验验证 ·· 116
　　7.3.4 实测值与 GA-BP 误差比较 ································· 119
7.4 小结 ··· 120
第 8 章 结论与展望 ··· 121
8.1 结论 ··· 121
8.2 展望 ··· 122
参考文献 ·· 123

第1章 绪 论

1.1 研究背景和意义

1.1.1 研究背景

如今,不论是汽车零部件和医疗行业,还是其他普通的消费品行业,对于配合精度的要求越来越高,零废品、低成本的限制使模具制造商的压力越来越大。基于此,模具制造商通常会限制模具的腔数,采取自然平衡的流道设计,然而较少的腔数意味着需要更多的模具、机器和人力。为保证国际市场的竞争力,模具制造商生产的产品只有质量更一致、废料更少才能降低成本。如果高质量的产品能通过一模十六腔而不是一模四腔或一模八腔生产出来,那么不仅可以使模具制造商的成本极大地降低,而且会使消费者对模具设计的满意度提高。

随着塑料制品注塑成型工艺的高效化和精密化发展,一模多腔的应用变得十分普遍,为保证各腔制品的重量、性能等质量指标均匀一致,首先从几何设计上必须使浇注系统流动平衡。然而,在实际中发现,尽管模腔的流道在几何设计上完全对称,各腔的流动填充却并不平衡。长久以来,多腔模具几何平衡流道系统的流动不平衡问题的原因被归咎于模具温度的差异,或者模具在制造装配中的变形。因此,在工艺控制上最大限度地保障产品各项质量指标一致,也是塑模从业者努力的方向。

细长杆多腔模注塑成型工艺是笔类注塑企业最常用的生产工艺,其特点是注射压力大,单方向流动行程长。然而,由于成型过程中大分子的解缠和取向,产品容易出现翘曲变形,导致产品质量不一致的现象较为突出。

1.1.2 研究意义

目前,关于细长杆注塑成型工艺的研究大多依靠设计和试模人员的经验积累,而且缺乏专门的理论研究,这使得笔类成型工艺受限于主观经验,导致成型过程过多地依赖反复修模和调试,增加了模具制造商的成本。另外,笔类产业的迅速发展和消费者对细长杆类产品的精密质量需求迅速增加,亟须塑模从业者深入理解细长杆注塑成型工艺的机理,掌握变形、成型规律,找到提高产品质量的方法。在竞争日益激烈的笔类市场上,采用传统的试模法制作产品已经难以满足消费者日益增长的需求,且该方法本身也具有一些缺陷。另外,仅通过数值模拟技术进行多次尝试以寻找一个能够实际应用的工艺参数组合是不现实的。因为注塑成型涉及大量的工艺参数,这些参数之间相互影响,如果没有一个精心策划的试验设计,那么耗费的时间可能就比实际试模时间还要长。本书重点讨论以下内容。

(1)通过设计不同的浇口位置,利用数值模拟技术分析流动通道中的流动行为,获得熔体的黏度、压力、剪切速率等参数的变化规律和相互影响关系,构建反映细长通道熔体充模流动规律的理论模型。

(2)在普通成型机理的基础上,研究细长杆多腔模平衡填充机理,从微观角度研究导致几何平衡流道填充不平衡的因素和细长杆注塑产品的评价指标及影响因素。

(3)提出了普通正交试验设计对数量级比较小的目标通过极差和方差寻优的敏感性问题,并和基于信噪比的 Taguchi 正交试验进行对比,分析二者寻优结果差异,探讨信噪比稳健性的原因。

(4)提出了响应面法在细长杆单、双目标优化问题中的应用,利用中心组合设计方法选择合适的试验点数,得到样本数据,以此为基础拟合出反映设计目标和设计变量之间关系的响应面模型,根据拟合出的二次多项式响应面函数及最小体积收缩率和最小轴向变形目标要求,并结合填充平衡性的要求,各自得出优化模型,利用方差分析探讨影响显著性的单因素和交互作用的因素。

(5)在处理多目标的优化问题上,尤其是有冲突目标的问题,提出了灰色关联分析的方法,用于指导实际细长类制件的成型。

(6)提出了一种新的预测方法:GA-BP 算法。该算法将 BP 神经网络数值域问题转换到 GA 算法模式域问题下,不同于 BP 神经网络单纯的梯度下降搜索,它通过遗传算法搜索 BP 神经网络输出误差的全局最优值,不仅可以克服 BP 神经网络的误差搜索局部极小和收敛速度慢的缺点,而且对非线性系统具有较高的建模和预测能力。

1.2 注塑成型优化技术的国内外研究现状

多腔模注塑成型技术涉及的内容非常多,包括注塑成型理论及数值模拟技术、多腔模设计与制造、多腔模注塑成型工艺、多腔模塑件结构设计、多腔模注塑成型材料的选择、多腔模注塑成型设备的选择等。本书重点从多腔模浇注系统的设计和多腔模注塑成型工艺优化技术两方面进行细长杆注塑产品质量控制的研究。

1.2.1 注塑成型流道平衡优化

国内工业界对注塑成型流道平衡优化的探索虽然鲜有触及根源的,但在流道的优化设计方面做了不少有益的尝试,并取得了较为理想的效果。李德群等[1]介绍了用于多型腔注塑模浇注系统平衡计算的传统方法、理论方法、实用公式,并指出所给的经验公式没有考虑熔体在流道内流动的黏性热效应。唐明真等[2]采用传统的流道截面计算分流道截面尺寸,介绍了一模十二出非平衡式布局瓶坯注塑模热流道的设计过程,并运用 Moldflow 软件模拟熔体的填充和流动情况,得到了设定条件下模具的工艺参数,且从总体上观察了填充过程的流动参数,但对于各个型腔的差异并没有提到和研究。王波等[3]针对复杂形状盒体的组合型腔注塑模,利用 Moldflow 2010 软件对其进行了流动平衡分析,以充填时间、注射压力、锁模力等分析结果为依据判定充填平衡效果,并通过调整分流道和浇口尺寸,进行了两次优化,最终确定了最优的浇注系统设计方案。杨方洲等[4]针对多型腔模具常规注射成型时流动不平衡问题,提出采用顺序注射成型(SIM)技术对其进行改善。以填充结束时间差、体积收缩率、缩痕指数等为评价指标,利用 Moldflow 软件对基于 SIM 的多型腔模具流动平衡优化过程进行分析,并确定合理的 SIM 方案和阀浇口时间参数。结果显示,采用延时充填的 SIM 优化方案可显著提高多型腔模具的流动平衡性,流动不平衡率由优化前的 44.1% 降低到 1.6%,其他成型质量指标也都有所改善,结果证明了他们所提出的 SIM 优化方案有效可行。同时,基于 Moldflow 软件确定了合理的阀浇口延时时间为 1.4 s,成本效益有了极大的提高。陈静波,余晓容等[5,6]在多型腔注塑模的流动平衡计算与分析方面都提出了相关有益的理论和算法,给出一种基于流动模拟的多型腔注塑模流动平衡计算方法,在流道和型腔布置确定以后,根据流动模拟的结果,通过迭代调整分流道和浇口尺寸,自动实现非平衡布置多型腔注塑模的流动平衡。陆建军等[7]在前人研究的基础上推导出了新的流道系统优化设计模型,并在 Moldflow 软件模拟中得到验证。他们从幂律流体的基本方程出发,推导了一模八腔注塑模具浇注系统为自然平衡和非自然平衡两种方式时,分流道和浇口尺寸的计算公式。Lee B H 等[8]将流动平衡研究与保压模拟结合起来,从而得到既满足流道平衡又可使型腔内压力分布均匀一致的最优流道设计。

  一系列的试验与 Moldflow 有限元模流分析证明,流动不平衡问题是由注射填充时,熔体在流道内产生的不对称剪切分布现象导致的,该现象进而导致各模穴之间压力、熔体温度与成型品机械性能的差异。同时,该现象所造成的流动不平衡效应会因成型工艺条件、材料、流道设计及流道截面尺寸的不同而差异显著。余磊等[9]运用 Moldflow 软件,对影响平衡浇注系统不平衡充填现象的一些因素进行模拟,详细分析各个因素对不平衡充填现象的影响情况,最后采用正交分析法对各个因素的影响情况进行综合评定。结果表明,发生不平衡充填现象是由剪切热导致主流道中不均匀但对称的熔体温度分布在分流道中失去对称性造成的。姜开宇等[10]利用可视化手段对不同纤维含量热塑性复合材料在不同型腔厚度下的充填过程进行动态观察,结果表明,尺寸及材料特性对薄壁塑件的熔体流动行为有较大影响,随着壁厚的减小,在低速注射条件下,复合材料熔体充填型腔的速度后期有突然增大的现象;在高速注射条件下,复合材料熔体充填速度会迅速下降。而纤维含量较高的复合材料由于剪切热的作用,填充速度下降较小,这为薄壁热塑性复合材料注塑成型技术的深入研究提供了参考。孟瑞艳[11]基于 Ellis 黏度模型和一维流道中的控制方程,解析计算了不同工艺条件下流道中的压力场、流率和温度场变化,对流道中热传导、热扩散、剪切热对流道中流动和传热行为的影响进行了分析,其中主要分析了浇口处剪切热的影响。陈静波等[12]利用可视化注塑模具和红外温度传感器,通过直接观测熔体在流道、型腔中的动态流动行为并测量型腔入口处熔体的温度变化,对不同注射速度下不同材料在自然平衡多型腔注塑模的充填不平衡进行研究。结果表明,由于剪切热的作用,主流道中不均匀但对称的熔体温度分布在分流道中失去对称性是产生充填不平衡的根本原因;充填不平衡程度不仅取决于主流道中熔体的温度分布,还取决于分流道中凝固层的分布及熔体黏度对温度变化的敏感性。因此,解决自然平衡多型腔注塑模充填不平衡问题的根本,在于改善或消除分流道中熔体温度分布在流动平面的不对称性。

Chen C S[13]提出了一种多腔注塑模流动平衡系统的数值分析方法,指出流道系统的分支点处流体的剪切力导致了流动不平衡,并采用了质量分数指数和流动平衡指数来描述多腔模流动的不平衡程度。结果表明,低熔体温度、小尺寸的流道直径和材料的高玻璃转换温度对多腔模流动的不平衡都有较大的影响。Chien C 等[14]提出了一种新的方法来分析多腔模产品的变形机理,指出剪切诱导的平衡流道分布不平衡是根本原因,而剪切应力诱导的流道横截面温度变化是影响产品翘曲的原因。Tsai K M[15]在光学镜片成型的多腔模第三流道放置了一个长方体的流量限制装置,目的是降低剪切力引起的流道熔体层不平衡分配,通过该装置,镜头的轮廓精度从 10.44 um 提高到 5.03 um。Rose D M[16]分析了一模十六腔平衡布局的制件因剪切力引起的充填不平衡和温度变化情况,并通过熔体旋转技术给出了改善的方案,以各制件的重量为分析目标,改善后制件的重量差异从 25.63% 降低到 3.61%。Hoffman D A[17]用相同的方法把一模八腔平衡布局的制件的重量差异从 11.39% 降低到 0.14%。Takarada R K[18]就一模十六腔的平衡布局探讨了多种材料的平衡特性。

综上所述,在多型腔注塑成型过程中,由于剪切热产生的流动不平衡会导致熔体流动不平衡。流动不平衡不仅会导致同一注射周期内各模腔出现填充不足或飞边等现象,还会造成同一模腔在不同注射周期内出现不同的填充情况。此外,流动不平衡还会导致各型腔具有不同的充模速度和充模压力。因此,多腔模的平衡设计不仅要达到几何意义的平衡,还要充分考虑剪切热造成的熔体流动不平衡。

1.2.2 注塑成型工艺参数的优化

控制多腔模注塑产品质量的其他思路是通过优化注塑成型工艺参数来提高产品质量的一致性[19],而且由于使用快变温高光亮模具生产的产品具有良好的尺寸精度和表面光洁度,进一步证明了优化注塑成型工艺参数的价值。通常,塑件的注塑成型工艺过程主要包括填充、保压、冷却和脱模 4 个阶段,这 4 个阶段直接决定制件的成型质量,而且这 4 个阶段是一个完整的连续过程[20]。因此,注塑过程存在一定的复杂性,需要塑模从业者投入多方面的努力控制质量指标。

产品质量是广大制造商和客户关注的重点,高一致性的产品质量和高生产率、低故障率的生产设备是注塑企业成功的关键。在实际生产中,有许多因素会影响产品的质量甚至导致产品缺陷的产生[21]。例如,在注塑过程中,材料的选择、零件的结构、模具的设计及加工参数的交互作用对产品的质量有着非常重要的影响[22,23,24],它们的组合不当,会造成众多的生产问题,如产品缺陷、生产周期长、废料太多及生产成本高等,进而降低产品的竞争力和企业的盈利能力。因此,降低或消除这些因素的影响,不仅有利于产品本身质量的提高,还有利于企业的发展。

注塑成型的复杂性造成了生产过程控制的困难。一般来说,注塑成型所涉及的工艺参数可以分为4个类别:温度、压力、成型时间和时间间隔。许多研究者研究了注塑成型工艺参数对产品机械性能和成型缺陷的影响[25,26,27],J Zhao 等[28]选择了 5 个工艺参数(注射速度、熔体温度、模具温度、计量尺寸和保压时间)来研究微注塑成型过程中工艺参数对微齿轮质量的影响。Huang M C 等[29]为研究成型工艺参数对薄壳塑件产品翘曲的影响,选用了 6 个工艺参数(模具温度、熔体温度、浇口尺寸、保压压力、保压时间和注射时间),并得到了最小翘曲变形的成型工艺参数组合。Chiang K T[30]以手机为研究对象,通过 8 个工艺参数(开模时间、模具温度、熔体温度、注射时间、注射压力、保压时间、保压压力和冷却时间)优化了手机上盖的多个质量指标,包括塑件强度、收缩率和翘曲,得到了多目标的最优工艺参数组合。结果表明,在注塑过程中成型工艺参数表现出很强的相关性,最优的工艺参数组合可以显著提高注塑制件的质量。

Chen W C 等[31]通过建立基于最小剪切应力的数学模型,优化了成型工艺参数,包括模具温度、熔体温度、注射时间和注射压力。结果表明,工艺参数的改善可以使产品的最大剪切应力降低到 24.9%。Kurtaran H 等[32]研究了降低公交车灯灯座变形的成型工艺,通过优化工艺参数的组合,包括模具温度、熔体温度、保压时间、保压压力和冷却时间,可以使产品的变形降低 46.5%以上。Ozcelik B 等[33]也证实通过成型工艺参数组合的最优化处理,可以使薄壁产品的变形显著降低 51%以上。Liao S J 等[34]研究了工艺参数对薄壁零件的收缩和翘曲的影响。结果表明,相比其他因素(如模具温度、熔体温度和注射速度),保压压力是最重要的影响参数:当保压压力增加时,收缩和翘曲大幅下降。相反,若工艺参数设置不当,则会对产品造成破坏性的影响,如翘曲变形、收缩、缩痕和残余应力[35]。因此,通过确定最优的工艺参数进行生产是注塑企业的根本,因为它直接影响产品的质量和成本。

最初,注塑成型工艺参数的设置靠反复试模随机完成。然而,由于注塑成型的复杂性,要得到最优的工艺参数是非常困难的,因为随机试验每改变一个参数就得到一个不同的试验结果[36],要想得到满意的产品质量,需要反复调整参数,因此传统的试模法生产成本高,试模时间长[37]。另外,加工参数的调整和修改依靠试模人员的经验与直觉,而培养一个具有熟练试模经验的专家型人才至少需要 10 年,远远满足不了市场的需求[31,38]。由于上述种种缺点,传统的试模法不能很好地进行注塑加工工艺参数的设置。研究者为了得到质量一致的产品,尝试了各种工艺参数的确定方法。

针对注塑成型工艺优化研究中存在的问题,本书提出了基于数值模拟的 Taguchi 试验方法和响应面近似模型。为了降低生产成本,试验数据的采集采用模流分析和现场试验相结合的方式,并通过与其他技术的联合,提高优化参数的有效性,改善优化参数的效果。此外,本书还利用独立的 Taguchi 试验方法、Taguchi 试验方法与其他方法的集成、响应面法与其他方法的集成,这些方法包括数值模拟、灰色关联分析(Grey Relational Analysis,GRA)、人工神经网络(Artificial Neural Network,ANN)和遗传算法(Genetic Algorithm,GA)等,以注塑产品的工艺优化方法为研究对象开展研究。本书在 Taguchi 试验方法的统计概念和技术的基础上,同时整合其他方法来完成笔类企业对细长杆类产品质量指标的优化,这也是本书的重点和创新之处。

1.2.2.1 独立的 Taguchi 试验方法

Taguchi 设计理念对于高质量的制造系统是一个强有力的工具。试验设计(Design of Experiments,DOE)源于 20 世纪 20 年代科学家罗纳德·艾尔默·费舍尔(Ronald Aylmer Fisher)的育种研究,即研究通过选择最优的治疗和试验条件,生产最好的作物[39]。他是公认的 DOE 方法策略的创始者,而后续使 DOE 方法在工业界得以普及且发扬光大者,则非 Dr Taguchi (田口玄一博士)莫属。罗纳德·艾尔默·费舍尔最初的想法是找到试验中所有相关因素的所有组合,并基于全因子设计和变化试验参数,研究各个变量间在"试错法"应用中被忽略的交互作用。传统的 DOE 是一个系统或工艺的统计过程,主要用于调查复杂系统(产品、过程)多个因素对系统(产品、过程)某些特性的影响,识别系统中更有影响的因素、其影响的大小,以及因素间可能存在的相互关系,以促进产品的设计开发,过程的优化、控制或改进现有的系统(产品、过程)。

学者们通过传统的 DOE 方法对注塑工艺条件的优化和研究,可以分为全因子设计和部分因子设计[40]。全因子设计要求确定所有给定变量的可能组合,由于工业试验需要考虑大量的影响因素,一个全因子试验执行起来需要大量的试验次数,耗时耗力[41]。因此,可以通过部分因子设计合理地安排一批有限数量的试验,并尽最大可能地考虑所有的重要信息,减少试验次数。尽管全因子试验的优点众所周知,但是其过程太复杂和成本昂贵,限制了它的应用[42]。考虑到这些困难,20 世纪 40 年代后期,Dr Taguchi 开发出一种新的试验策略,采用了改良和标准化的形式[43,44],之后,Taguchi 试验方法的应用吸引了更多的关注,且被广泛应用到各个领域,如制造业系统[45]中机械部件的设计[46]和工艺优化[47,48]。Taguchi 试验方法的优点在于,其把试验设计法运用到了工程设计的重要环节,以及对变异的损失理解建议细化,以利于后来者有效合理地选择。独立的 Taguchi 试验方法是采用 Taguchi 的元素单一地从试验设计阶段到最终的优化过程,其参数设计采用正交阵列(Orthogonal Array,OA)、信噪比、主效应和方差分析(Analysis of Variance,ANOVA)。OA 提供了一套均衡的(最小的试验运行)试验与 Taguchi 的信噪比,这是所需的输出作为对数函数形式的目标函数的优化[49]。统计计算出信噪比后,进行基于信噪比的主效应分析和方差分析,主效应分析的目的是确定特定水平的最优工艺参数组合(根据最高的均值判定),而方差分析是估计误差方差并确定所选变量的重要性。前述技术有助于简化试验设计、数据分析和最优结果的预测。因此,Taguchi 试验方法在获得最小的性能变异方面是一种重要的优化手段,并获得了多方面的应用。

Liu S J 等[50]利用 Taguchi 试验方法优化了以下 7 个工艺参数:模具温度、熔体温度、注射速度、注射压力、注射尺寸、气辅注射压力、气辅注射延迟时间,以改善气辅注塑产品的表面粗糙度。结果表明,对于气辅注塑成型来说,过程参数更重要但也更难控制,如熔体注射量、气辅注射压力和气辅注射延迟时间。然而,通过设置最优的工艺参数成功地改善了气辅注塑产品的表面粗糙度,其中,熔体温度是影响表面粗糙度的第一重要因素,第二重要因素是气辅注射延迟时间。Ozcelik B 等[51]采用正交试验阵列 L_9 优化 ABS 塑件的成型工艺参数,采用了铝和钢两种不同的模具材料。该试验进行了多个质量特性的优化研究,如弹性模量、屈服拉伸强度、屈服拉伸应变、断裂拉伸应变、弯曲模量、悬臂梁式冲击强度,分别对两种材料的模具进行了主效应分析,根据信噪比最大得到了最优工艺参数组合。结果表明,对于多目标的响应的优化是无效的,最优组合不可能同时满足所有的质量特性,使多个目标同时最优。Li H 等[52]也采用正交试验设计 L_9 研究了成型工艺参数对复印机面板熔接痕的优化,采用 3 个浇口填充,优化工艺参数包括熔体温度、注射速度和注射压力,以熔接线的消除程度为优化目标。结果表明,最优水平的工艺参数组合的确能显著减少熔接线缺陷,熔体温度是影响熔接线缺陷的重要因素。Wu C H 等[53]通过正交 Taguchi 优化试验进一步改善了注塑件熔接线的强度,并设计了一个特殊结构的模具,使成型的注塑件试样有多个横截面,横截面上既可以有熔接线分布,也可以没有。除了前面所提的 4 个工艺参数,又增加了 4 个工艺参数(模具温度、保压压力、注射加速度和保压时间),优化目标为成型拉伸强度。结果表明,熔体温度仍然是影响熔接线强度的最显著因素。

以上诸多文献,说明 Taguchi 试验方法的确是一个很强大的工具,其能够帮助试验人员用最低的成本获得最优质量特性的产品工艺参数组合。它只需要提供几个最基本的功能元素,这几个元素对优化目标的实施起着重要的作用。然而,Taguchi 试验方法也存在着明显的不足:一是筛选因子,也就是优化的加工参数的选择完全是根据个人经验或参考其他文献,这是非常不可靠甚至是无效的;二是当需要解决多个质量特性优化问题时,需要根据工程判断并定义每个质量特性的权重,这会增加决策过程中的不确定性。因此,Taguchi 试验方法和其他优化方法的集成是一种必然,只有弥补 Taguchi 试验方法的缺陷,才能有效完成各种有前提条件的优化。

Taguchi 试验方法对加工工艺优化做出了卓越的贡献,它可以低成本、低耗费地得到最优的工艺参数组合和显著的影响因素。为进一步提高优化过程的有效性和稳健性,可以考虑其他方法与 Taguchi 试验方法集成,让 Taguchi 试验方法和其他方法跨功能整合优化分析,以丰富优化思路。

1.2.2.2 Taguchi 试验方法与数值模拟的集成

基于有限元的典型数值模拟(Numerical Analysis)的建立和发展,目的是解决注塑填充过程中的压力场、流动场和温度场的相关问题。随着注塑模具工业设计对数值模拟的依赖性不断增加,商业模拟软件包(如 Moldflow 软件等)已经成为注塑模具设计和工艺过程控制不可缺少的工具。对于复杂大型精密模具的虚拟设计和修改,数值模拟尤其重要,能够节省大量的零件和模具设计的时间及费用。然而,单靠数值模拟找到最优的工艺参数组合是不够的,还需要安排系统的、完善的仿真设计试验。因此,数值模拟与 Taguchi 试验方法的集成是一个有益的发展,前者能够模拟真正的企业实践,后者能够提供技术上的优势,针对优化提供仿真和分析方案。

Liu S J 等[54]通过 Taguchi 试验方法与数值模拟分析了加强肋的几何形状和尺寸对沉降斑的影响。采用 ANSYS 软件模拟注塑过程,发现不同形状的加强肋的温度分布和冷却速率导致塑料结晶,从而形成沉降斑。结果表明,加强肋的角几何形状和宽度是影响热塑性塑料零件沉降斑的主要因素。Lan T S 等[55]采用了相同的研究方法,即基于4因素3水平设计加强肋,能够提高塑料强度 5~6 倍。他们结合 ANSYS 软件模拟和 Taguchi 试验方法评估设计因素对塑件强度的影响,选择两个相同尺寸的塑件样本进行挠度测试,即一个具有 10 mm 的加强肋,一个没有加强肋,通过模拟和试验来验证优化参数设计的准确性及模拟试验的可靠性。结果表明,ANSYS 模型的准确性达到 93% 以上,证明了数值模拟在优化中的高可靠性。

Erzurumlu T 等[56]对 3 种热塑性塑料(PC/ABS、POM、PA66)使用 Moldflow 软件模拟不同肋截面形状和不同的肋布局角度对制件翘曲和沉降指数的影响,并利用 Taguchi 试验优化方法找到最小的变形和最小的沉降指数的工艺参数组合。结果表明,通过改善工艺条件可以改善最大翘曲变形和沉降。Shen C 等[57]运用 CAE 软件和 Taguchi 试验方法结合,通过优化浇口距离和制件壁厚来获得最小的沉降。通过方差分析(ANOVA),得到壁厚是影响沉降最关键的因素,因为厚度的增大增加了补偿收缩的流量,从而减少沉降。结果表明,CAE 与 Taguchi 试验方法的集成对于寻找改善产品质量的关键因素,优化生产工艺条件和模具结构是有效的工具。

数值模拟技术在虚拟的制件和模具设计中非常有效,同时,在实际的注塑填充中,由于填充成型是一个连续的过程,许多质量特性难以测量,因此数值模拟也是非常有效的方法。许多注塑成型工艺质量特性都可以通过数值分析软件预测,如熔接线的位置、不同流动方向的收缩率、温度梯度等。因此,注塑产品可以通过数值模拟与 Taguchi 试验方法集成来改善质量特性。Song M C 等[58]运用数值模拟和 Taguchi 试验方法,以填充率为优化目标,研究了超薄壁产品填充过程中加工工艺参数的影响。结果表明,壁厚是影响超薄壁塑件填充的重要因素,当壁厚增大时,填充率迅速提高。Ozcelik B 等[59]运用 Moldflow 分析了加工工艺参数对制作 X、Y、Z 方向翘曲的影响,4 个参数分别为模具温度、熔体温度、保压压力和保压时间。以 PC/ABS 材料为研究对象,应用 Taguchi 试验方法分析了模拟结果。结果表明,对于 PC/ABS 材料,影响翘曲最重要的因素是保压压力。Chang T C 等[23]采用 L_{16} 正交阵列通过 C-Mold 数值模拟技术分析了 3 种塑料(HDPE、GPS 和 ABS)沿流动方向和垂直流动方向的收缩。结果表明,半结晶塑料(HDPE)和无定形塑料(GPS 和 ABS)收缩行为不同:半结晶塑料比无定形塑料收缩大,且垂直于流动方向比平行于流动方向的收缩更大,而无定形塑料相反。方差分析表明,模具温度、熔体温度、保压时间和保压压力对 3 种材料收缩行为有着非常重要的影响,而且对每种材料的影响程度各不相同。与上述文献相似,Liao S J 等[34]应用 C-Mold 数值模拟技术分析了这 4 个工艺参数对收缩和翘曲的作用与交互作用。结果表明,考虑交互作用最优工艺条件下的 X 方向和 Y 方向收缩小于没有考虑交互作用的最优条件,这一点在模拟和验证试验中得到了证明。但是,该研究也有一些不足之处:在方差分析中排除了保压压力和注射速度的交互作用对 Y 方向收缩的影响,因其被认为是不重要的因素而统计在误差中。综上所述,尽管考虑了交互作用的最优工艺参数组合对产品质量有一定的改善,但是在某些方面它们的作用不如单因素明显。

根据 Ho N C 等[60]的研究,试验和仿真模型通常都需要考虑大量的因素,想要优化所有的因素不仅是不经济的,也是不切实际的,因为不是所有的因素都是显著因素。通过可视化的数值模拟的反馈和预测,不仅可以帮助初入行业的工程师弥补经验上的不足,选择重要的工艺参数,还可以帮助有经验的资深设计师,筛选出有可能被忽略的因素。因此,如果在优化试验前需要考虑的因素太多,数值模拟和 Taguchi 试验方法的结合在注塑成型之前可以筛选出对产品质量有显著影响的因素。Chen R S 等[61]利用 C-Mold 数值模拟技术和 Taguchi 试验方法找到了最优水平的工艺参数组合,目的是消除注塑成型的聚碳酸酯汽车保险杠上的银色斑纹。他们首先安排了 L_{12} 正交阵列进行初步试验,以筛选出优化试验的重要参数,并选择 10 个参数对温度梯度和模壁剪切应力的影响进行了研究。结果表明,只有 5 个参数显著地影响制件的质量特性,随后他们又选择了 8 个参数,安排了 L_{18} 正交阵列再次进行优化试验。结果表明,最优试验工艺组合成功地消除了保险杠上的银色斑纹。在另一个研究中,Mathivanan D 等[62]用 CAE 数值模拟技术和 Taguchi 试验方法安排了两次正交阵列试验得到最小的沉降斑。他们首先安排了 L_8 正交阵列初步筛选了 7 个加工参数,研究其对沉降斑的影响度;然后筛选和保留了 5 个重要的参数,并设置了 L_{27} 正交阵列进行工艺参数优化。结果表明,筛选方法是成功的,没有影响沉降斑优化的完整性,预测和试验测量的沉降斑差值小于 10%。

随着制造业需求的增加,Taguchi 试验方法在提高产品质量方面得到了广泛的应用。但是,在评价一个以上的优化质量特性时,该方法对注塑成型工艺参数优化设计可能是困难的,因为各种品质特性之间互相冲突,得到的最优工艺参数不可能同时满足所有的评价目标。因此,针对多品质特性的优化问题,很多研究制定了新的试验方法,在优化多重品质的同时,不仅提供产品和工艺设计的准确结果,还将 Taguchi 试验方法与其他技术组合得更加稳健。

1.2.2.3 Taguchi 试验方法与灰色关联分析的集成

Taguchi 试验方法通常用于单一品质的优化,但在注塑成型的优化设计中,往往需要考虑多个品质特性的优化来评价整体的质量特性。因此,Deng J L 等[63]提出通过灰色关联分析(Grey Relational Analysis,GRA)中的灰色关联系数和灰色关联度来评价多目标的优化问题,灰色关联系数可以表达期望结果和实际结果的关系,灰色关联度则由单个质量特性综合计算得出。由于 GRA 的计算是整合多目标响应,Taguchi 试验方法与 GRA 的综合应用,为注塑成型的多目标质量特性的参数优化,提供一个最优的工艺参数组合是可行的。目前,关于 GRA 和 Taguchi 试验方法结合研究注塑成型工艺参数优化的文献很少,Fung C P[64]利用基于正交阵列的 Taguchi 试验方法和 GRA 结合分析了滑动体在平行和垂直于滑动方向的磨损体积。GRA 不仅能够同时基于垂直和平行两个方向的最小磨损体积损失给出最优的加工工艺方案,还可以根据优化试验的灰色关联度值,比较序列加工工艺参数对单个质量特性的影响程度。与上述文献相似,Fung C P 等[65]和 Yang Y K 等[66]运用相同的方法进行了多目标质量特性的优化工艺参数研究。前者的研究主要集中在 PC/ABS 共混物的屈服强度和伸长率两个目标的同时改善;后者研究考察了加工工艺参数对 PC 复合材料的力学和摩擦学性能的影响,优化了极限应力、表面粗糙度和摩擦系数 3 个质量目标。

然而,前述文献在 Taguchi 试验方法与 GRA 的结合研究中,没有对最优工艺条件下获得的产品性能进行科学的分析和验证结果的正确性。因此,Taguchi 试验方法与 GRA 结合的有效性和可靠性受到了部分学者的质疑，需要进一步优化结果验证。Datta S 等[49]优化了加工参数，以提高液晶导光板的 V 切削深度和角度，并基于 Taguchi 试验方法的结果进行分析。同时运用主成分分析和方差分析评估加工工艺因素对多目标质量特性的影响，而不是 GRA 中所提出的可比性序列。结果表明，由 Taguchi 试验方法与 GRA 结合确定的最优工艺参数组合，通过试验测定值和预测值的误差，液晶导光板的 V 切削深度和角度都小于5%。

有些学者运用模糊逻辑理论耦合 Taguchi 试验方法与 GRA，开发出了一种多目标注塑成型的工艺参数设置系统。模糊逻辑理论为注塑成型工艺中存在的不确定性、模糊性和混沌性提供了数学上的支持。在该系统中，输入的是通常注塑产品的缺陷和"模糊"的尺寸参数，输出的是推荐调整后的注塑参数。GRA 被视为一个模糊推理系统，旨在提供更好的输出结果。Chiang K T 等[68]在灰色模糊理论的优化工艺设计中，通过方差分析研究了多种品质特性的注塑成型工艺的重要性。结果表明，模具温度对产品的熔接线强度、收缩率和成型温度分布的差异有着非常重要的影响。Chiang K T[30]采用类似的方法又研究了4个工艺参数，包括开模时间、保压压力、保压时间和冷却时间。结果表明，模具温度仍然是影响熔接线强度、收缩率和成型温度分布差异最重要的因素。进一步的优化可以结合 CAE 软件模拟、Taguchi 试验方法与 GRA，考虑实践中不可估量的信息，如在材料填充、保压和冷却过程中温度、压力、流量的分布，外观特性、分子取向、剪切应力和剪切速率等[29]。Chang S H 等[69]通过改变注塑成型工艺的条件控制熔体的流动性和模具的冷却来诱导熔体中玻璃纤维的取向。结果表明，产品的质量和强度改善20%以上。Shen Y K 等[70]对4种常见的聚合物（PP、PC、PS、POM）展开研究，比较了工艺参数对翘曲变形、压力分布、温度分布和填充时间的影响。PS 被发现有最小的温差分布，因此也导致其有较小的翘曲和收缩。然而，在这两项研究中，响应值是通过转换成灰色关联系数测定的，而不是通过经验丰富的专家确定的。通过灰色关联度计算，排名第一的为最好的成型工艺条件，如果不是试验测试验证，那么可能导致错误的结论。

1.2.2.4　Taguchi 试验方法与人工神经网络（ANN）的集成

人工神经网络是人类在对大脑及大脑神经网络认识理解基础之上建造的一种非线性信息处理系统。人工神经网络由输入层、隐含层和输出层多层结构组成，隐含层由一层或多层组成，位于输入层和输出层之间，该层包括处理单元，称为神经元。每个神经元接收来自前一层中的神经元的总输出并通过激活函数处理，以产生结果并输出到下面的层。人工神经网络必须根据输入值和输出值，反复训练直至达到所需精度要求。

在网络学习阶段，人工神经网络能够根据外部和内部的信息流改变结构。一个经过充分训练的神经网络体系展现了强大的非线性映射能力，能有效地表征数据模式中的输入与输出交互关系，将其凝聚为一个概念上的低维黑箱模型，揭示了隐藏的复杂动力学结构。Taguchi 试验方法与人工神经网络的集成又发展了一种注塑成型质量优化模型。Altan M[71]应用 L_{27} 正交阵列将其中21个样本作为训练数据，剩余6个样本作为测试数据，利用反向传播神经网络（BP 神经网络）算法来预测收缩，利用方差分析来排除不重要的影响工艺参数。一方面，在神经网络中可以跳过不必要的程序，节省时间；另一方面，训练进行了 500 000 次，得到了比较满意的神经网络预测模型,误差仅为8.6%。然而,神经网络的复杂性会导致计算成本增加。为解决多输出参数的优化设计问题,Shie J R[72]制定了另一种类型的神经网络,称为基于广义回归神经网络(GRNN),利用 L_{16} 正交阵列中的 16 个训练数据设计了一个能代表注塑制件 3 个质量特性(轮廓失真、磨损性能和拉伸强度)的函数。集成的方法对比单独的 Taguchi 试验方法,能够产生更好的结果,但并不包括所有的方面。例如,Taguchi 试验方法与 GRNN 结合的优化性能在轮廓失真和磨损性能方面比单独的 Taguchi 试验方法要好,但在拉伸强度上不如单独的 Taguchi 试验方法。然而,通过两种方法的集成,以及神经网络在多目标特性上的并行处理方式,优化效率得到了很大的改善。此外,最优的参数并不限于某个特定的水平,而是水平范围内的任何点。

神经网络通过学习一定的训练数据产生自己的规则,与 Taguchi 试验方法结合可以大幅降低网络学习的难度,这一点前面文献中已经讨论过。但是,目前基于注塑成型工艺问题域的神经网络如何建立,从业人员仍然没有一个明确的方法。此外,由于需要用试错法确定学习周期、学习速率、动量因子和隐藏神经元的数量,网络参数的确定具有很大的自由性,而且缺少一个系统的配置方法,这不仅耗时而且效率低下。基于这些缺点,Kuo C F J 等[73]以 LCD 导光板的多个质量特性为优化目标,利用 Taguchi 试验方法来确定 BP 神经网络的学习参数配置,以便迅速找到具有最低偏差的学习参数。实践证明,人工神经网络结合 DOE 方法能够准确预测导光板的品质特性,同时利用均方根误差(Root Mean Square Error,RSME),收敛可以达到 0.000 01。

但人工神经网络可能会过度学习。在训练神经网络时,一定要恰当地使用一些能严格衡量神经网络学习程度的方法。训练一个神经网络可能需要相当长的时间,建立神经网络需要的数据量很大,而且神经网络并不是用什么数据都能很好地工作并做出准确的预测,要想得到准确度高的模型,必须认真地进行数据清洗、整理、转换、选择等工作。

1.2.2.5　Taguchi 试验方法与遗传算法的集成

遗传算法(Genetic Algorithm,GA)是模拟达尔文生物进化论的自然选择和遗传学机理的生物进化过程的计算模型,是一种通过模拟自然进化过程搜索最优解的方法。遗传算法是计算机科学人工智能领域中用于解决最优化的一种搜索启发式算法,这种启发式算法通常用来生成有用的解决方案以优化和搜索问题,是进化算法的一种。进化算法最初是借鉴了进化生物学中的一些现象而发展起来的,这些现象包括遗传、突变、自然选择及杂交等。

在遗传算法中,将待解决的优化问题的潜在解决方案称为"个体",通常是一个数值序列,该序列被称为"染色体"或"基因串"。染色体的表示非常灵活,根据所解决问题的性质有不同的形式。基本的编码方法一般被表达为简单的字符串或数字串,如二进制编码、实数编码和整数编码。除了这些标准编码方式,还有许多适应特定问题的编码技术,如多元组编码、矩阵编码、树形编码、图编码等。这些高级编码策略有助于更好地反映问题的内在结构和约束,从而可能提高算法的效率和解决方案的质量。首先,遗传算法随机生成一定数量的个体,有时操作者也可以对这个随机产生过程进行干预,以提高初始种群的质量。在每一代中,每一个个体的适应度都被评价,并通过适应度函数计算得到一个适应度值。种群中的个体被按照适应度排序,适应度高的排在前面(这里的"高"是相对于初始种群的适应度来说的)。在每一代中,整个种群的适应度被评价。然后,从当前种群中随机地选择多个个体(基于它们的适应度),通过自然选择、交叉和突变产生新的生命种群,该种群在算法的下一次迭代中成为当前种群。交叉涉及两个分裂的染色体,新的个体各结合每个染色体的一半。突变涉及产生新的"子"个体,好的被保留而其余的被丢弃。最后,不断进行迭代过程,直到达到最大的进化次数,或者达到一个最优或接近最优的参数设定值。然而,如果迭代过程由于达到设定进化次数而被迫终止,则最优的解决方案可能找到,也可能没找到。在相关文献中,用Taguchi试验方法与GA相结合研究注塑成型工艺参数优化的很少。Kurtaran H 等[32]利用人工神经网络与遗传算法相结合的方法优化工艺参数来减小注塑制件的翘曲变形。Ozcelik B 等[33]先用Taguchi试验方法和ANOVA方法筛选出对翘曲变形影响大的工艺参数,然后采用人工神经网络建立工艺参数与翘曲变形之间的函数关系,最后利用遗传算法进行优化设计。Shen C 等[76]采用人工神经网络和遗传算法相结合的方法对制件表面粗糙度进行了优化设计。Ozcelik B 等[33]采用Taguchi试验方法、人工神经网络预测和遗传算法结合试图提高优化的效果,综合采用了L_{27}正交阵列试验来寻找模塑条件下最小的翘曲变形。通过方差分析成功地确定了两个不重要的参数,在人工神经网络和遗传算法的寻优模型中将它们排除,可以使进化次数减少51%,只用了401次迭代就给出了2000个进化种群。通过人工神经网络和遗传算法的寻优模型获得的最优工艺组合为[$A3,B3,C2,D3,E2,F1,G3$],而通过Taguchi试验方法获得的最优工艺组合为[$A3,B1,C3,D1,E3,F3,G2$]。虽然该结论存在一定的争议,但是在提高注塑产品质量方面,Taguchi试验方法、人工神经网络预测和遗传算法的结合已被证明是一种有效的方法。

1.2.2.6 响应面法和人工神经网络、遗传算法的集成

响应面法(Response Surface Methodology, RSM)探讨了多个因素与多(单)个响应变量之间的关系。这个方法是由 Box G E P 和 Wilson K B 于1951年提出的,其基本思想是通过多个试验序列得到最优的响应。通常使用二次多项式来得到响应模型,这种模型只是一个近似值,很容易估算和应用,因而受到大家的欢迎。

响应面设计建立在拟合理论基础上,采用有限的试验点来拟合整个试验范围,其最终目的是得到一个合理的函数,并用它来描绘整个试验范围内数据的变化情况。Chiang K T 等[77]通过求函数的极值,得到了工艺的最优参数。现在许多研究者都青睐于响应面设计,工艺优化的研究者对其更是情有独钟。Ozcelik B 等[78]通过对响应面函数和等高线的分析,精确研究各因素与响应值之间的关系,同时对影响响应值的各因素及其交互作用进行优化和评价,进而快速有效地确定多因素系统的最优条件。但是,我们必须知道,即使再好的统计模型也是一种对现实的近似。尽管在实际中,模型和参数都是未知的,由于忽略了一些参数,导致结果具有很大的不确定性;由于模型的不充分和估计的误差,模型的最优点可能不是现实中的最优。但是,响应面法在帮助从业人员改进产品和服务上提供了一个有效的跟踪记录。Mathivanan D 等[79]按照注塑工艺的变量用响应面法建立了一种非线性模型,基于中心组合设计试验,在流动模拟的基础上通过响应面建立了沉降深度的非线性模型。用随机生成的22个试验来验证该模型,

预测结果和实际结果的误差在±1.4%内。结果表明,运用响应面的预测模型具有充分性和一致性,而且对于沉降缺陷的研究方法可以扩展到其他方面。同时,该方法也逐渐得到研究者们的认可,而且被应用到各种产品的工艺优化中。

响应面法和数值模拟、遗传算法等其他研究方法的整合也被用到注塑成型产品缺陷的优化中。Mathivanan D 等[80]运用数值模拟、响应面法和遗传算法的组合,以热塑性注塑模的沉降为优化目标,选择模具温度、熔体温度、保压压力、加强肋和壁厚的比率4个成型工艺参数作为优化变量。结果表明,基于中心组合设计的响应面法和遗传算法结合有效地降低了产品的沉降。Kurtaran H 等[81]以公交车底座的变形为优化目标,选择模具温度、熔体温度、保压压力、保压时间和冷却时间5个成型工艺参数作为优化变量,运用数值模拟、方差分析、响应面法和遗传算法的结合,找到了最优的成型工艺条件。总之,响应面法和其他方法的结合被认为是一种有竞争力的方法,被越来越多地应用到了成型工艺优化中。

1.3 本书主要研究内容

本书综述了注塑成型工艺参数优化的研究现状,分析比较了多种优化方法:包括单独的 Taguchi 试验方法,Taguchi 试验方法分别与数值模拟、灰色关联分析、人工神经网络、遗传算法的集成,以及响应面法与人工神经网络、遗传算法的集成。本书在浙江省教育厅项目(Y201120532:大长径比细长杆注塑变形机理的研究)的支持下,主要围绕以下5个方面展开介绍。

(1)设计一种基于平衡布置的一模四腔圆珠笔笔弹模具,借鉴传统注塑成型中熔体充模流动理论的研究方法,引入合理的假设与必要的简化,构建了细长杆注塑成型中熔体充模流动的数学模型。分析了平衡设计的流道中,引起填充不平衡的各种因素,详细分析了剪切力导致熔体在平衡流道中不平衡流动的机理。此外,还利用数值模拟分析了流动不平衡对 Y 向最大变形的影响,并以 Y 向最大变形为目标,讨论了模具温度、熔体温度、注射时间、保压压力等工艺参数对流动不平衡的影响趋势。提出通过优化工艺参数组合,直接或间接地优化多腔模产品质量的思路,这是本书第2章内容。

(2)通过整合 Taguchi 试验方法和数值模拟来降低仿真试验次数,使分析结果更快地朝优化方向发展。基于传统的正交试验设计了4因素3水平的成型工艺试验,以 PP、PC、PC+ABS 这3种黏度不同的材料的最大体积收缩率和最大轴向变形为目标,分析成型工艺参数对两个优化目标的主次影响顺序和最优水平组合,得出了工艺参数对黏度较低的材料有显著影响的结论。为进一步考察工艺参数的显著性,运用稳健的 Taguchi 试验方法重新分析了 PP 材料的主次影响顺序和最优水平组合,并与普通的正交试验相比较,通过 Moldflow 软件验证,基于信噪比的 Taguchi 试验方法不论从 AVONA 显著性,还是工艺参数最优水平组合,都优于普通的正交试验,这是本书第3章内容。

(3)Taguchi 试验方法是一种稳健的设计技术,广泛应用于各行各业,能够改善产品质量,减少试验次数,减少工艺的变异和维护,促进产品的质量和稳定性。然而,在分析精度和各因素之间的交互作用上,Taguchi 试验方法存在一些不足,响应面成为新的研究方向。本书基于中心组合设计建立了 PP、PC 材料细长杆的响应面回归模型,求出了连续空间的最优工艺参数组合,并与普通的正交试验、基于信噪比的正交试验相比较,响应面的精度更高;通过以细长杆 Y 向最大变形为目标考察填充不平衡,基于响应面的最优工艺参数的填充平衡性更好,这是本书第 4 章内容。

(4) 没有一种技术能够独立解决所有的优化问题,但通过 Taguchi 试验方法和其他优化方法集成,可以提出更有效率的优化方法。一些人工智能(Artificial Intelligence, AI)技术,如人工神经网络和遗传算法是新兴的注塑成型工艺参数优化方法。一个训练好的神经网络可以迅速给出满足制件期望值的工艺参数组合,但神经网络因需要处理大量的数据而导致训练时间很长。遗传算法可以给出局部工艺参数的优化结果,但是在有些条件下收敛速度可能非常慢。因此,人工智能技术的应用目前还受到较多的限制。通过 Taguchi 试验方法、响应面法、遗传算法和人工神经网络的集成,应用正交阵列,可以克服单一算法的缺点,训练好的人工神经网络用于预测目标值,可以大大减少试验次数。对试验结果通过方差分析,可以确定每个加工参数的重要性。本书分别通过 Taguchi 试验方法和 GA-BP 的集成分析预测了 PP 材料细长杆的最大体积收缩率,通过响应面法和 GA-BP 的集成分析预测了 PC 材料细长杆的最大轴向变形,并建立了高精度的预测模型,这是本书第 5 章内容。

(5) 在处理多目标的优化问题上,灰色关联分析与 Taguchi 试验方法、响应面的整合是一种可行的方法,由于响应变量是不相关的,因此需要工程人员给出相关系数。所有的优化通过公式计算完成,响应和质量特性相关性最高的就是最优的工艺参数组合。本书通过灰色关联分析与 Taguchi 试验方法的集成,以 PP 材料细长杆为研究对象,分析了两个冲突目标的最优工艺参数组合,结果表明,优化的工艺参数使填充平衡性得到了很大的改善。为进一步提高多目标优化的精度,又通过灰色关联分析与响应面的集成,分析 PC 材料细长杆的多目标优化问题,同时又提出了基于灰色关联分析和理想解法的注射工艺多目标优化的改进优化措施,并通过试验验证了改进后两个目标和填充的平衡性都得到很大的改善,这是本书第 6 章内容。

第2章 细长杆多腔模非平衡流动机理及平衡优化

2.1 多腔模平衡设计问题

对于多型腔模具,型腔的排布与浇注系统密切相关,在模具设计时应综合考虑。型腔的排布应使每个型腔都能通过浇注系统从总压力中均等地分得所需的足够压力,以保证塑料熔体能同时均匀地填充每个型腔,从而使各型腔的塑件内在质量均一稳定[82]。

多型腔模具的流道在模具分型面上的排布简图如图2-1所示。图2-1(a)、图2-1(b)的形式称为平衡布置,其特点是:从主流道到分流道再到各型腔浇口的长度、截面形状与尺寸均对应相同,可使各型腔均匀进料和塑料熔体均匀地填充型腔,从而使成型的塑件内在质量均一稳定,力学性能一致。图2-1(c)、图2-1(d)的形式称为非平衡布置,其特点是:从主流道到分流道再到各型腔浇口的长度不相同,这不利于各型腔均匀进料,但可以明显缩短分流道的长度,节约原材料。

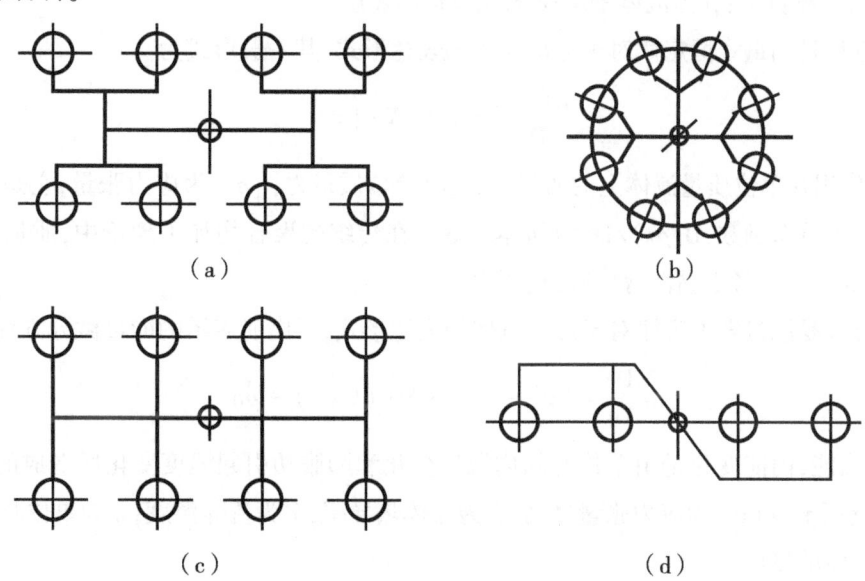

图2-1 多型腔模具的流道在模具分型面上的排布简图

对于平衡布置的浇注系统,塑料熔体到各型腔的流动距离相等,如果忽略制造误差,则填充过程应是自然平衡的,即不论成型条件如何变化,各型腔均应同时充满,但实际情况并非如此,填充不平衡现象仍然可能发生[18]。

2.2 熔体充模过程的理论基础

聚合物熔体在型腔中的流动是非牛顿不可压缩流体的非等温瞬态层流过程。该过程复杂,存在着流动、传热、相变等问题,对该过程的描述需从连续介质力学的角度,基于黏性流体力学的基本方程,针对熔体充模过程的特点,引入合理的假设和必要的简化,建立熔体在型腔中流动的连续性方程、动量方程、能量方程,确定合理的初始条件和边界条件,从而得到熔体充模过程的数学模型。

2.2.1 黏性流体力学的基本方程

黏性流体的重要特征是流体中黏性剪切应力的存在及边界上的黏附条件。黏性流体的运动遵循质量守恒定律、动量守恒定律、能量守恒定律,这些守恒定律在黏性流体力学中的表达形式组成黏性流体力学的基本方程。

连续性方程是质量守恒定律对于运动流体的表达形式,其一般形式为

$$\frac{\partial \rho}{\partial t} + \nabla \cdot (\rho v) = 0 \tag{2-1}$$

式中,∇为哈密顿算子;ρ为流体密度;v为流体运动速度。

动量方程是动量守恒定律对于运动流体的表达形式,其一般形式为

$$\frac{D(\rho v)}{Dt} = \rho F + \nabla \cdot [\boldsymbol{\tau}] \tag{2-2}$$

式中,F为作用在单位质量流体上的质量力,也称单位质量力;$[\boldsymbol{\tau}]$为应力张量,它是与表面力等效的质量力分布函数;$D(\rho v)/Dt$为随体导数。在传统的聚合物加工理论中,质量力主要考虑重力,表面力主要考虑黏性剪切应力、压力。

能量方程是能量守恒定律对于运动流体的表达形式,用内能表示的能量微分方程为

$$\rho \frac{De}{Dt} = [\boldsymbol{\tau}] \cdot [\boldsymbol{\varepsilon}] + \nabla \cdot (k \nabla T) + \rho q \tag{2-3}$$

式中,e为内能,内能变化是由单位时间内温度变化和膨胀功引起温度变化所造成的;$[\boldsymbol{\varepsilon}]$为变形率张量;$[\boldsymbol{\tau}] \cdot [\boldsymbol{\varepsilon}]$为应力张量做功;$k$为流体热导率;$T$为流体温度;$q$为单位时间内传入单位质量流体的热量。

2.2.2 圆管熔体流动行为的数学模型

黏性流体力学的基本方程是一组复杂的非线性方程,方程解的唯一性和稳定性还没有很

第2章 细长杆多腔模非平衡流动机理及平衡优化

好地解决,不能直接采用叠加原理进行求解。因此,需根据传统注塑成型中聚合物熔体流动行为的特点,对其进行简化和假设。

对于细长杆的填充,假设幂律流体沿着水平圆管的轴向做等温、充分发展的层流运动;流动具有圆柱对称性,$v_\theta = 0$,且 $\partial/\partial\theta = 0$。对于充分发展的层流运动,径向速度为零,即 $v_r = 0$,且轴向速度 v_z 和轴向位置无关;圆管的直径 $D = 2R$,长度为 L。做如下 7 点简化与假设。

(1) 熔体为不可压缩的流体,即有 $\nabla \cdot v = 0$。

(2) 在充模过程中,熔体温度变化范围不大,熔体的定压比热容 C_p 和热导率 k 皆为常数,故有 $\nabla \cdot (k \nabla T) = k \nabla^2 T$。

(3) 熔体为广义牛顿流体,在填充阶段不考虑熔体的黏弹效应,且 $\nabla \cdot v = 0$,则有

$$[\tau] = 2\eta[\varepsilon] - p[I]$$

式中,η 为熔体黏度;$[I]$ 为单位张量;p 为非黏性流体平衡态压力。

(4) 无壁面滑移。

(5) 流动为层流,熔体的质量力和惯性力忽略不计。

(6) 在流动方向上,热对流占主要部分,热传导忽略不计。

(7) 熔体中不含热源。

根据简化与假设,柱坐标系动量方程可简化为

$$\left.\begin{aligned} r \text{ 分量}:& -\frac{\partial p}{\partial r} = 0 \\ \theta \text{ 分量}:& -\frac{1}{r}\frac{\partial p}{\partial \theta} = 0 \\ z \text{ 分量}:& -\frac{\partial p}{\partial z} + \frac{1}{r}\frac{\partial}{\partial r}(r\tau_{rz}) \end{aligned}\right\} \tag{2-4}$$

从式(2-4)中可以看出,p 不依赖于径向坐标,于是 $p = p(z)$。因为 v_z 只是 r 的函数,所以 z 分量可以写成

$$\frac{\mathrm{d}p}{\mathrm{d}z} = \frac{1}{r}\frac{\mathrm{d}}{\mathrm{d}r}(r\tau_{rz})$$

$$\frac{1}{r}\frac{\mathrm{d}}{\mathrm{d}r}(r\tau_{rz}) = \frac{\mathrm{d}p}{\mathrm{d}z} = \frac{\Delta p}{L} \tag{2-5}$$

对式(2-5)积分,用 r 除之,则有

$$\tau_{rz} = \frac{\Delta p}{2L}r + \frac{c_1}{r}$$

为保持圆管中心的黏性剪切应力为零,必须 c_1 为零,则有

$$\tau_{rz} = \frac{\Delta p}{2L}r \tag{2-6}$$

对于幂律流体,有

$$\tau_{rz} = K\left(\frac{\mathrm{d}v_z}{\mathrm{d}r}\right)^{n-1}\frac{\mathrm{d}v_z}{\mathrm{d}r} \qquad (2\text{-}7)$$

综合式(2-6)、式(2-7)可得

$$K\left(\frac{\mathrm{d}v_z}{\mathrm{d}r}\right)^{n-1}\frac{\mathrm{d}v_z}{\mathrm{d}r} = \frac{\Delta p}{2L}r$$

所以

$$\frac{\mathrm{d}v_z}{\mathrm{d}r} = -\left(-\frac{\Delta p}{2KL}\right)^{1/n} r^{1/n}$$

两边同时积分,得

$$v_z = -\frac{n}{n+1}\left[-\frac{\Delta p}{2KL}\right]^{1/n} r^{(n+1)/n} + c_2$$

由壁面无滑移,得

$$v_z(r) = \frac{nR}{n+1}\left(\frac{R\Delta p}{2KL}\right)^{1/n}\left[1-\left(\frac{r}{R}\right)^{(n+1)/n}\right] \qquad (2\text{-}8)$$

当在圆管中心时,$r=0$,$v_z=v_{\max}$,由此可得

$$v_z(0) = v_{\max} = \frac{nR}{n+1}\left(\frac{R\Delta p}{2KL}\right)^{1/n} \qquad (2\text{-}9)$$

对式(2-9)积分,得体积流量

$$Q = \frac{n\pi R^3}{3n+1}\left(\frac{R\Delta p}{2KL}\right)^{1/n} \qquad (2\text{-}10)$$

平均速度为

$$\bar{v}_z = \frac{Q}{\pi R^2} = \frac{n}{3n+1}\left(\frac{R^{n+1}\Delta p}{2KL}\right)^{1/n} \qquad (2\text{-}11)$$

剪切速率为

$$\dot{\gamma}_R = \frac{2(3n+1)}{n}\frac{\bar{v}_z}{D} = \frac{3n+1}{4n}\frac{4Q}{\pi R^3} \qquad (2\text{-}12)$$

对于非牛顿流体,流动的数学分析更为复杂。由于大多数的流体都是剪切变稀的,而且塑料熔体的流动通常具有很高的剪切速率,以致产生相当大的黏性发热,所以必须考虑温度和压力的依赖性。

2.3 造成平衡流道多腔模填充不平衡的因素

2.3.1 流道拐角诱导多腔模填充不平衡

大多数聚合物熔体属于剪切变稀型流体。所谓剪切变稀效应,是指高形变速率下熔体黏度下降。该现象的根源在于低剪切速率时大分子相互缠结,而在高剪切速率下分子链取向发

第2章 细长杆多腔模非平衡流动机理及平衡优化

生解缠结,解缠结的分子之间容易滑动,导致熔体黏度降低。对于黏度-形变速率曲线中剪切变稀区域,可以用简单幂律方程来描述;而在低形变速率区域,流动遵循牛顿定律。

John Beaumont 的流道平衡理论中提出剪切诱导熔体流动不平衡理论。在传统的"H"形流道中,当熔体从一级流道进入二级流道时,其流动前沿在"T"形拐角发生强烈的剪切,高速流动的熔体在拐角分流,且每一处拐角都会发生这种现象。熔体在每一个拐角发生转动后继续向前流动,如果熔体流动前沿在第一个拐角向左,那么在第二个拐角仍然向左,造成内腔先被填充。一旦内腔充满建立背压,外腔随即充满。

为降低拐角处的高剪切力,在流道交叉处建议采用圆形设计,通过改进流道能使模具平衡填充的能力得到很大的提高。

2.3.2 模具的温度梯度导致多腔模填充不平衡

当热的聚合物熔体经模具的流道系统进入型腔时,会逐渐把热量传递给温度相对较低的金属模具。熔体和模具的传热速率与熔体和模具的温差成正比。每一个成型周期,注塑机的喷嘴和模具的浇口套不断接触,可以预测模具的温度梯度在此处为最大值,这也意味着此处的冷却速率最快,对制件的冷却定型起到关键作用。下面具体阐述模具的温度梯度导致的多腔模填充不平衡问题。

如果模具中心的温度最高,那么多腔模内腔具有最小的温差,熔体和模具之间的总热传递值在外腔最高,因此熔体流动朝向内腔的热量损失小,具有最低的黏度,内腔体更易于填充。然而,模具的温度梯度会导致熔体在填充过程中冷却速度不均,进而造成制件内部应力分布不均和表面质量差异,这可能会引起制品变形、翘曲、尺寸不稳定或内部结构缺陷,严重的可能导致注塑过程失败。为优化成型过程,通常需要通过调整模具温度控制策略,尽可能减小模具的温度梯度,确保熔体填充更加均匀。

2.3.3 剪切诱导多腔模填充不平衡

2.3.3.1 黏度与温度、剪切速率的关系

聚合物熔体若用"流动性"来描述则是很困难的,故常用"黏度"来描述。为确保制件的质量,聚合物熔体在模具流道系统中的流动状态必须保持为层流。一般来说,聚合物熔体在通常的加工过程中的流动基本属于层流范畴,且其雷诺数 $Re \ll 1$。

首先假设熔体与流道壁面没有滑移,强的速度梯度发生在表面附近的区域,此区域称为边界层,速度梯度足以产生显著的黏性剪切应力和剪切速率。可把层流流动看成一层一层彼此相邻的薄层液体沿外力的作用方向进行相对滑移。流动速率和剪切速率示意图如图 2-2 所示,对于一个圆形截面流道,其流动速率分布从流道壁到流道中心沿半径方向逐渐增大。而剪切速率的变化趋势正好相反,越接近流道壁,剪切速率就越高;越接近流道中心,剪切速率就越低。剪切速率越高,摩擦力就越大。如果累积的热量在通过模具时无法快速地散发,此时产生的热量就是所谓的"黏滞生热"或"剪切生热"。

影响注塑成型工艺和聚合物熔体黏度的一个重要因素是剪切力,其为速度梯度的函数

$$\dot{\gamma} = \frac{\partial v_t}{\partial r}$$

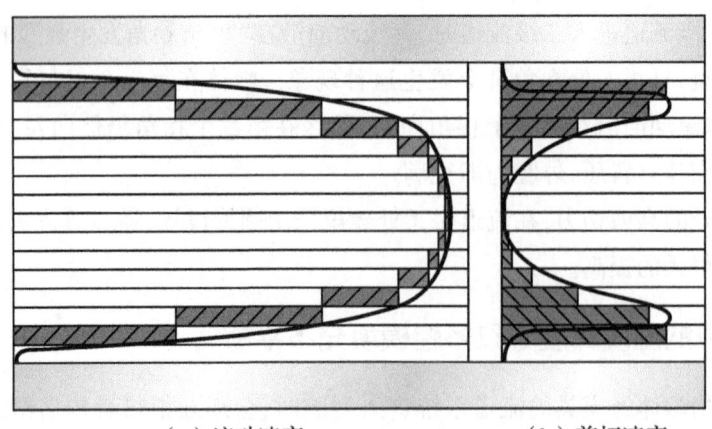

（a）流动速率　　　　　（b）剪切速率

图2-2　流动速率和剪切速率示意图

大多数热塑性塑料熔体为非牛顿流体,随着剪切速率升高,熔体黏度降低。另外,熔体黏度也受温度的影响,如随着温度升高,熔体黏度降低。温度分布与熔体在流道系统中的剪切速率有关,当剪切速率不太大时,温度从流道壁到流道中心沿半径方向逐渐增大;当剪切速率达到一定程度时,靠近流道壁处的熔体温度会很高,这通常是由于高剪切速率引起的剪切热会弥补熔体在沿流道传输时散发的热量,有时甚至会造成流道壁附近区域的温度高于流道中心的温度。流道壁层流熔体温度分布如图2-3所示。黏度分布与温度分布情况正好相反,熔体黏度从流道壁到流道中心沿半径方向逐渐减小。

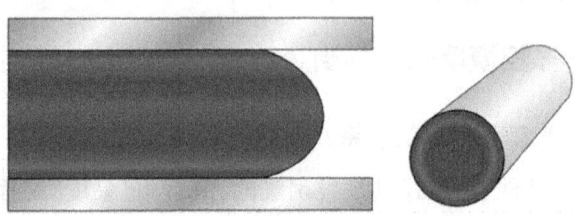

图2-3　流道壁层流熔体温度分布

Cross黏度模型被广泛用于聚合物熔体流动分析中,其中Cross-Arrhenius黏度模型和Cross-WLF黏度模型都能够在很宽的剪切速率范围内精确地描述熔体黏度的变化规律。它们不仅可以描述高剪切速率下熔体的幂律型流变行为,而且可以描述接近零剪切速率时熔体的牛顿型流变行为。当熔体温度接近和低于聚合物黏流温度时,材料黏度-温度关系不再符合Cross-Arrhenius黏度模型。相较而言,Cross-WLF黏度模型的适用性更广。Cross-WLF黏度模型方程为

第2章 细长杆多腔模非平衡流动机理及平衡优化

$$\eta = \frac{\eta_0}{1 + \left(\dfrac{\eta_0}{\tau}\dot{\gamma}\right)^{1-n}}$$

$$\eta_0 = D_1 e^{\left(\frac{-A_1(T-T')}{A_2+(T-T')}\right)}$$

式中，$T' = D_2 + D_3 p$；$A_2 = \bar{A}_2 + \bar{D}_3 p$；$D_1$、$D_2$、$D_3$，$A_1$、$\bar{A}_2$ 为模型常数。可以看出，温度对黏度具有很大的影响。

2.3.3.2 平衡流道的填充不平衡机理

对于平衡布置的浇注系统，熔体到各型腔的流动距离是相等的。由于熔体的剪切速率、温度以及黏度在流道长度和截面上不断变化，因此流道中的流动相当复杂。热分布分析是建立在假设壁面无滑移，黏度与剪切速率和温度的关系上的。

靠近流道壁的高剪切速率区域对黏度有多重影响，如材料的非牛顿特性、流动引起的摩擦热，导致该区域的黏度降低。摩擦热使流道内熔体的外层温度比内层高，因为尽管在流道系统中一些热量可通过导热散发到温度较冷的流道壁上，但熔体外层的高温将一直存在，黏度降低的状态一直存在。此外，剪切造成高分子发生取向，大分子链排列一致，剪切剧烈的塑料层流动阻力降低，即剪切变稀（shear thinning）。高剪切速率和熔体与壁面的摩擦热是造成熔体黏度降低的主要原因，也是造成填充不平衡的根本原因。由摩擦热、剪切和层流导致流道中不平衡的热分布如图 2-4[14] 所示。

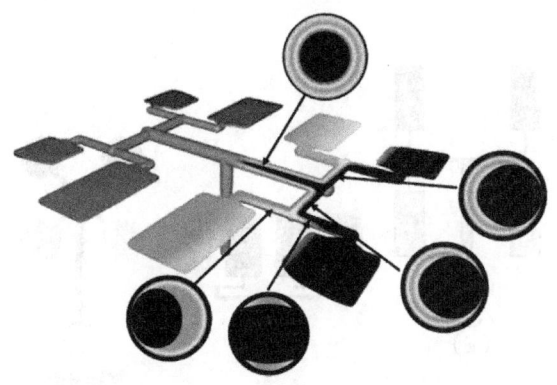

图 2-4　由摩擦热、剪切和层流导致流道中不平衡的热分布

当流道系统中有两个以上的分支流道时，型腔之间就会出现填充不平衡现象。当熔体沿主流道流动时，在流道外层周边形成较高的剪切区域。当熔体沿分支流道分流后，主流道一侧的高剪切（较热）外层将沿第二分流道的左边流动，主流道的低剪切（较冷）中心层流将流到该流道中的相反一侧；另一半右边分流道的情形与此相似。熔体填充不平衡解析如图 2-5 所示。

假如经过第二分流道的熔体再进入第三分流道，那么由这些流道进行填充的各型腔间就会产生不平衡。在二级流道中，熔体已经出现了不平衡，在二级流道的末尾，如果再有三级流道，熔体则会再一次分流，此时熔体的温度较高的部分会流向内部型腔，而温度较低的部分则会流向外部型腔,导致流向内外型腔的熔体温度、黏度、流动速率均不同。经过三级流道分流后的熔体会直接进入型腔,也有可能继续被分流。这些温度、流动速率和黏度上的变化,最终会影响制件的质量、尺寸和形状。

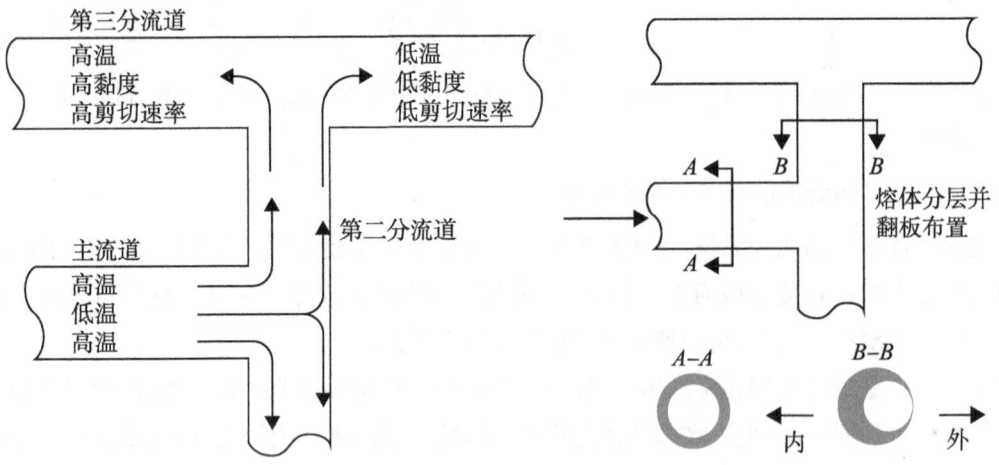

图 2-5　熔体填充不平衡解析

如图 2-6 所示为典型平衡流道的填充不平衡实例。深灰色为先填充型腔,由于填充不平衡造成了制件尺寸、形状和机械性能的差异。如图 2-6(e)所示为单腔模多点进料造成的填充不平衡。如图 2-7 和图 2-8 所示分别为一模四腔平衡布置的镜像翘曲和由于填充不平衡造成的对角相似制件[16]。

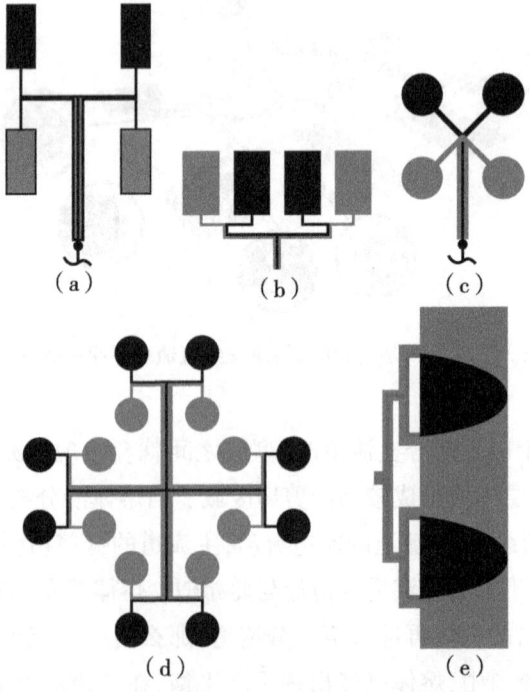

图 2-6　典型平衡流道的填充不平衡实例

第2章 细长杆多腔模非平衡流动机理及平衡优化

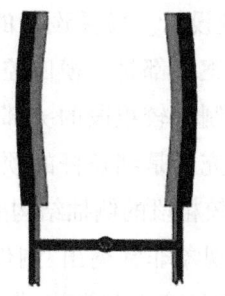

图 2-7 一模四腔平衡布置的镜像翘曲

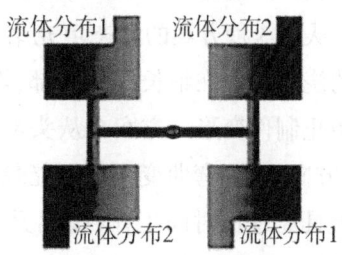

图 2-8 由于填充不平衡造成的对角相似制件

2.4 细长杆平衡流道的填充不平衡造成产品变形分析

2.4.1 优化浇口位置并确定最优流道方案

细长杆类制件尤其大长径比制件的模具设计是目前企业生产的技术难点,模具的布局方式和进料位置直接影响制件的质量,如果考虑不当,则容易发生充模不全,或者制件翘曲变形的问题。为此,可以使用模流分析软件对产品进行三维建模,从而对产品装配及使用要求提供建议,如提供及时准确的浇口位置分析、冷却水路布置建议等。或者对客户所提供的数据进行模流分析,评估原始设计方案的合理性与可行性并提供详细的分析报告,以便对原始方案进行修正,并通过模拟分析,找出最优的模具设计与成型参数设置方案,从而提高一次性试模成功率,避免反复修模与试模。特别是对产品变形问题,能够帮助提出最优的解决方案。

以转动旋出圆珠笔的笔头弹出装置的变形分析为例,制件结构如图 2-9 所示。该产品为典型的细长杆类制件,长径比大于 10,头部有侧孔与其他零件配合。产品对外观要求不高,但考虑在使用中一直受扭转应力的作用,产品心部要有良好的强度和刚度,且产品不易变形,以免影响装配。产品材料为 PP,采用一模多腔模具。

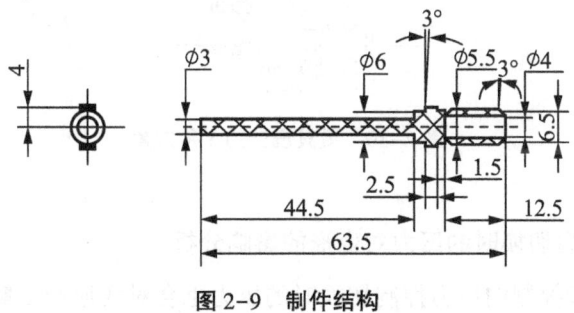

图 2-9 制件结构

2.4.1.1 浇口位置对变形的影响分析

采用填充分析模块对 3 种不同布局、不同浇口位置的方案的填充情况进行分析,查看熔体的填充效果是否合理,通过方案比对,以获得合理的浇注系统设计。模具设计的3种方案如图2-10所示。从这3种方案的动态填充结果来看,方案1、方案2都是一模四腔,流道平衡布置,但方案1的浇口位置在细长杆的中部,熔体最后填充的是制件较粗段的头部,且头部有侧抽结构,可以防止制件变形。方案2从头部进料,熔体最后填充的是细长杆的顶部,分子的取向在细长杆处方向一致,弯曲变形的可能最大。同时,在制件较粗段的侧抽结构处,PP 材料为假塑性流体,模具经过长时间工作,模温升高,流体剪切变稀现象非常突出,制件变形非常严重,甚至不得不加强冷却控制成型质量,而且实践证明,飞边极易流入侧滑块,影响下次成型。方案3,也就是原始的模具设计,进料位置和方案1相似,但为了节省模具布局空间,牺牲型腔侧壁厚度,排列较为紧密,填充也不平衡,所以型腔的侧壁呈断裂性损伤。

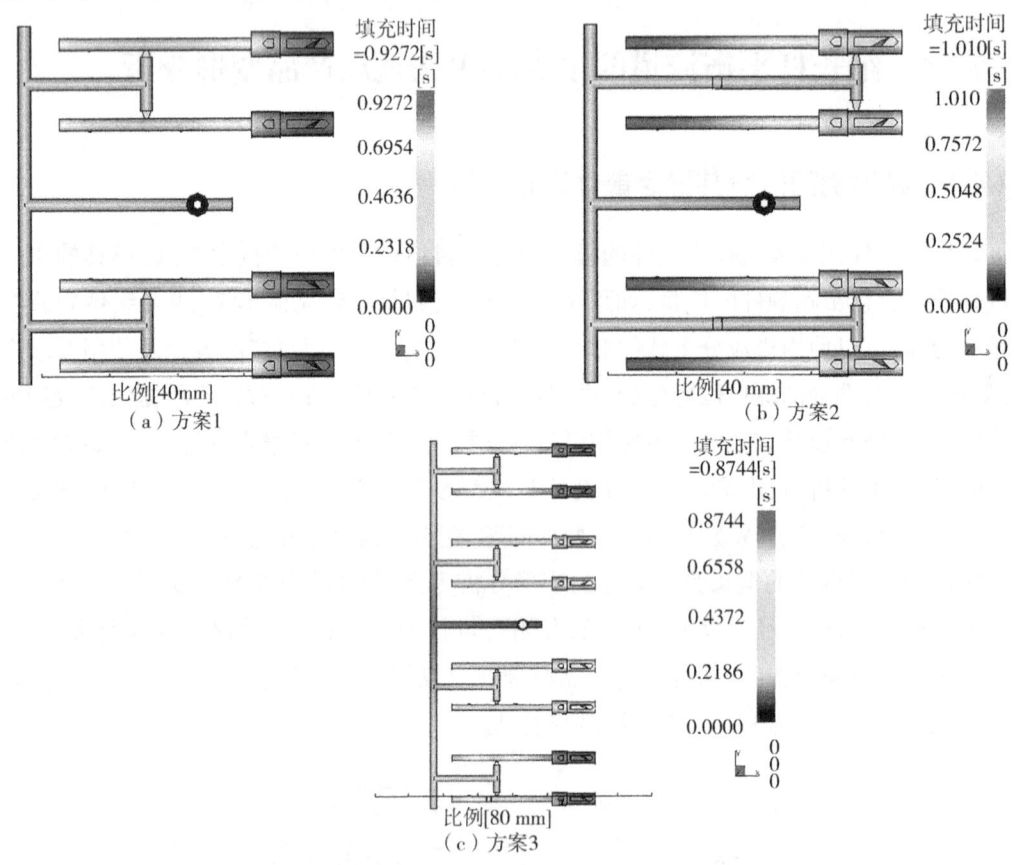

图 2-10　模具设计的 3 种方案

2.4.1.2　速度/压力切换时的压力对变形的影响分析

注塑过程中由速度控制向压力控制切换时的压力也会对变形产生影响。在型腔即将被充满时,注塑机进行速度/压力切换,剩余的熔体在速度/压力切换点的填充压力或者保压压力作用下充入型腔,此时的最高压力在主流道入口处,保压压力一般设定为注射压力的80%,若压力过大,则制件内应力较大,翘曲变形也较大。方案1的填充压力比方案2、方案3小10 MPa 左

第2章 细长杆多腔模非平衡流动机理及平衡优化

右,而较小的压力会使制件的内应力也相对较小,细长杆变形也小。速度/压力切换时的压力如图 2-11 所示。

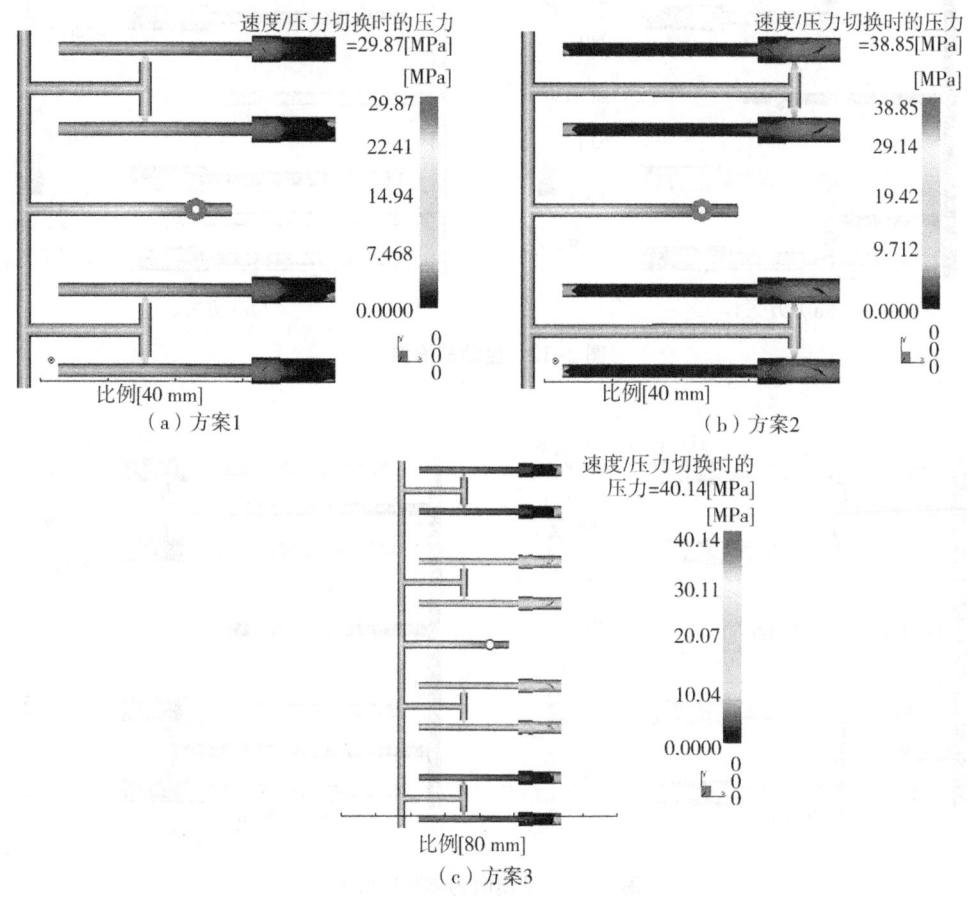

图 2-11　速度/压力切换时的压力

2.4.1.3　流动前沿温度对变形的影响分析

制件的翘曲变形微观上一般是由冷却不均匀、收缩、分子取向等因素引起的。通过软件的翘曲分析可知,方案 1 翘曲的最大值为 0.3579 mm,而方案 2 翘曲的最大值为 1.227 mm。分析流动前沿温度即分析聚合物熔体填充一个节点时的中间流温度,一般浇注系统的温度最高。从如图 2-12 所示的流动前沿温度中可以看出,两种方案的节点温度都比浇口高,尤其方案 2 在填充末端温度急剧升高,应该是由注射过程中产生大量的摩擦热和剪切热造成的,聚合物分子在流动中产生很大取向,残余热应力是引起制件变形的一个重要因素,因此顶出时的体积收缩率也比较大。从如图 2-13 所示的顶出时的体积收缩率可以看出,方案 2 的体积收缩率也很不均匀,越靠近填充末端,取向越大,体积收缩率也越大。综合以上分析,选择方案 1 最佳。

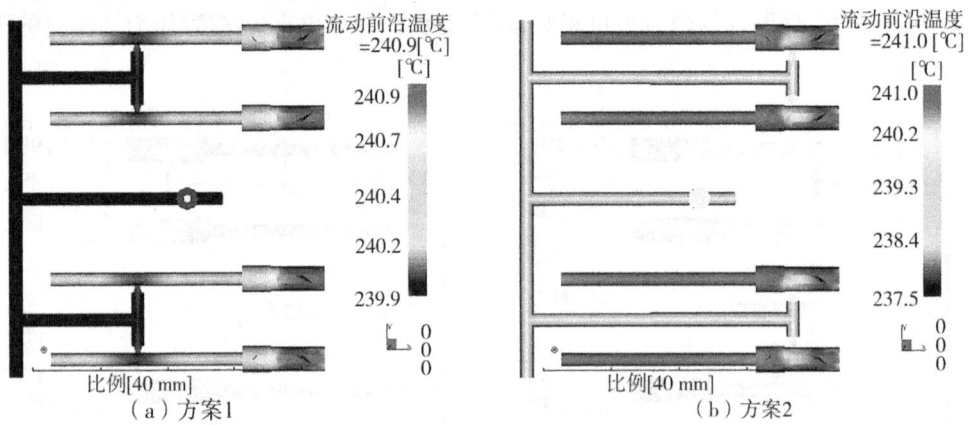

图 2-12 流动前沿温度

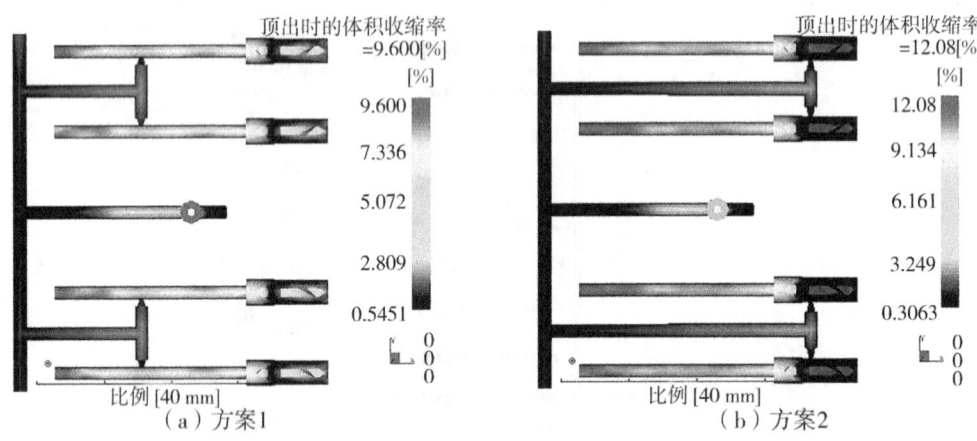

图 2-13 顶出时的体积收缩率

2.4.2 影响细长杆填充不平衡的工艺因素

流动不平衡会影响填充不平衡,以 PP 6331 为模拟测试材料,其余工艺参数默认,初步测试多因素影响下的流动不平衡及其影响。PP 材料在加工上有以下两个特点。

(1) PP 熔体的黏度随剪切速率的提高有明显的下降(受温度影响较小)。

(2) 分子取向程度高而呈现较大的体积收缩率。

PP 6331 的工艺参数范围如下。

(1) 模具温度:20~80 ℃。

(2) 熔体温度:200~280 ℃。

如图 2-14 所示为一模四腔的线性平衡布置细长笔杆的填充过程。在 0.5 s 时,由于拐角剪切力、模具的温度梯度、黏性剪切应力的影响,填充趋势已经略微不平衡,1、4 型腔填充长度略大于 2、3 型腔;在 0.7 s 时,1、4 型腔的细长杆部分已经率先充满;在 1 s 后,所有的型腔同时充满。填充结果与图 2-6(b)相似。

第2章 细长杆多腔模非平衡流动机理及平衡优化

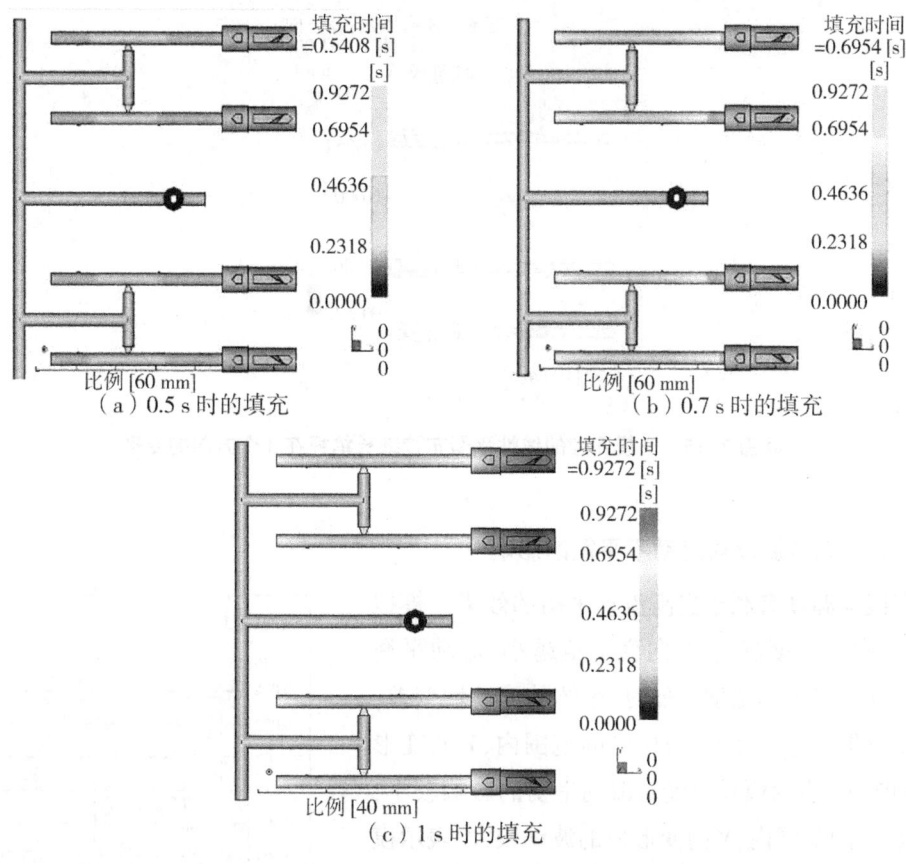

图 2-14 一模四腔的线性平衡布置细长笔杆的填充过程

如图 2-15 所示为 Moldflow 软件默认条件下,一模四腔的线性平衡布置细长笔杆在 3 个方向的变形,X 为沿笔杆轴向变形,Y、Z 为沿笔杆径向变形。X 方向的变形影响细长杆长度方向的尺寸精度,Y、Z 方向的变形影响细长杆的挠度。可以看出,细长笔杆在 Y、Z 方向的变形呈现明显的不平衡现象,下面将以 Y 向变形值作为衡量流动不平衡因素的指标,来研究工艺参数对流动不平衡的影响。

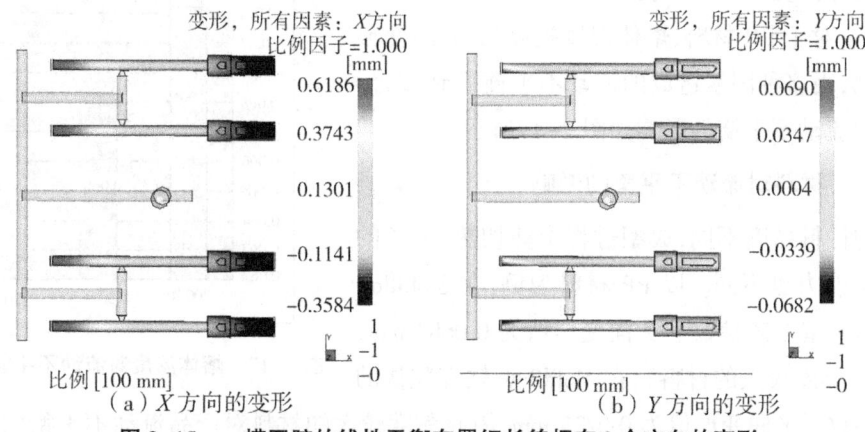

图 2-15 一模四腔的线性平衡布置细长笔杆在 3 个方向的变形

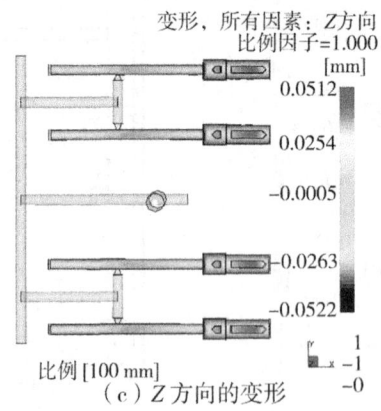

续图 2-15　一模四腔的线性平衡布置细长笔杆在 3 个方向的变形

2.4.2.1　模具温度对流动不平衡的影响

提高模具温度有利于提高流动平衡的效果。模拟结果显示，模具温度越高，Y 向变形值越小，流动平衡的效果越好。当模具温度较低时，熔体的流动性变差，流动平衡效果变差。在 50～80 ℃ 的范围内，Y 向变形值的波动较小，表示模具温度对流动平衡的影响较小；在 20～50 ℃ 的范围内，Y 向变形值的波动较大，表示模具温度对流动平衡的影响较大。模具温度对流动不平衡的影响如图 2-16 所示。因为实际生产中，由于熔体填充周期、周围环境热辐射等因素，模具温度有 ±5 ℃ 的波动，较高的模具温度不仅可以减少由剪切热引起的流动不平衡变形，还可以提高产品质量的稳定性。

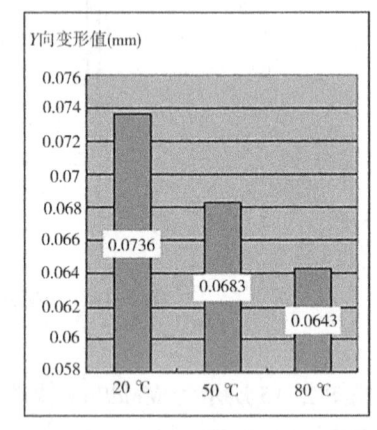

图 2-16　模具温度对流动不平衡的影响

2.4.2.2　熔体温度对流动不平衡的影响

提高熔体温度同样可以提高流动平衡的效果。模拟结果显示，对于 PP 材料，熔体温度提高后，Y 向变形值显著降低，由多种因素造成的流动不平衡得到改善。熔体温度对流动不平衡的影响如图 2-17 所示。

2.4.2.3　材料对流动不平衡的影响

不同的材料黏度不同，成型过程中剪切热、分子的解缠和取向能力也不同。以 PP 材料为例，在 Moldflow 软件默认的成型工艺参数下 Y 向变形值为 0.0683 mm，而 PC 材料（黏度较大的材料），在 Moldflow 软件默认的

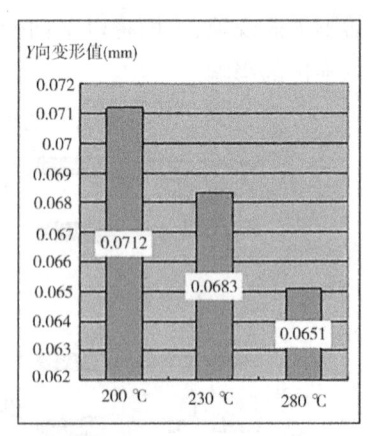

图 2-17　熔体温度对流动不平衡的影响

成型工艺参数下 Y 向变形值为 0.0225 mm，因此黏度较大的材料对产品流动不平衡的改善效果

第2章 细长杆多腔模非平衡流动机理及平衡优化

较好。

2.4.2.4 注射时间对流动不平衡的影响

注射时间直接影响产品填充时的剪切速率,若分别设定注射时间为 1 s、2 s、3 s,则注射时的剪切速率分别为 11 143 s^{-1},5579 s^{-1} 和 3788 s^{-1}。注射时间对流动不平衡的影响如图 2-18 所示,在注射时间为 1 s 到 2 s 的范围内,剪切速率增高,黏度降低,分子解缠和取向能力增强,Y 向变形值增大;而在注射时间为 2 s 到 3 s 的范围内,剪切速率降低,Y 向变形值减小。所以,适当的注射时间对流动不平衡的改善效果非常重要。

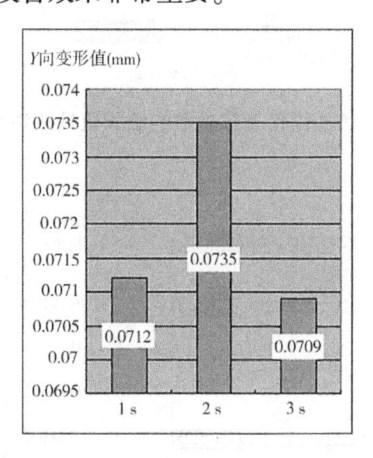

图 2-18 注射时间对流动不平衡的影响

2.4.2.5 优化工艺参数对流动不平衡的改善情况

根据以上分析,初步选择优化的工艺参数为:模具温度为 80 ℃,熔体温度为 280 ℃,注射时间为 2 s。优化工艺参数的细长笔杆的填充过程如图 2-19 所示,优化工艺参数的 Y 向变形值如图 2-20 所示。通过模流分析,可以看出流动不平衡得到了很大的改善:流体几乎是平衡填充型腔的,而且衡量不平衡因素的指标 Y 向变形值,在所有的试验数据中最小,比默认工艺参数下降低了 10.28%。因此,说明通过工艺参数的优化,可以改善流动不平衡情况。

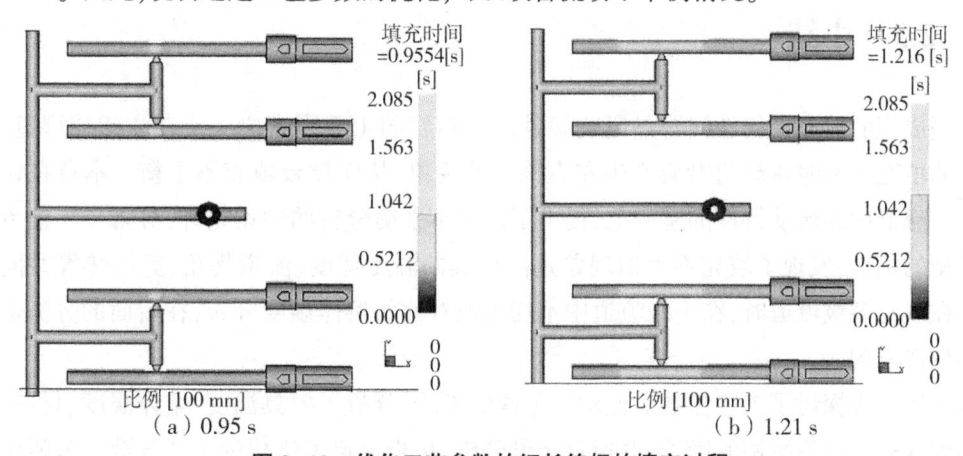

（a）0.95 s （b）1.21 s

图 2-19 优化工艺参数的细长笔杆的填充过程

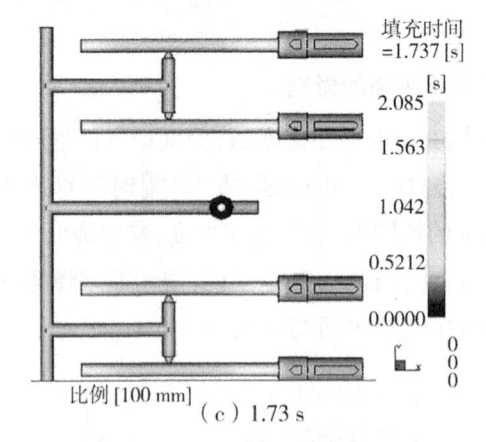

（c）1.73 s

续图2-19　优化工艺参数的细长笔杆的填充过程

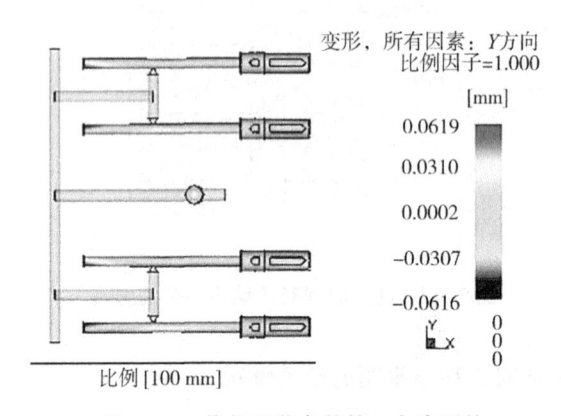

图2-20　优化工艺参数的Y向变形值

通过优化工艺参数，可以得到最好的填充平衡性，各个工艺参数之间相互影响，相互作用，如何得到最优组合的工艺参数是下一步需要考虑的问题。

2.5　小结

注塑成型的填充平衡性问题是影响塑件成型精度的主要因素之一。在注塑成型过程中，塑料熔体填充型腔时流动前沿会产生左右偏移的现象，从而导致填充不平衡。本章在讨论塑料熔体在流道中的流动特性的基础上，提出了流动不平衡分析的假设条件，分析了平衡流道填充不平衡的机理，发现了填充不平衡现象是由模具的温度梯度、流道拐角、剪切热等共同作用和熔体在流经多级流道时，在一级流道中不均匀但对称的熔体温度分布，在后面的分流道中失去对称性造成的。

本章还初步探讨了工艺参数对流动不平衡的影响，分析了模具温度、熔体温度、材料、注射时间等因素对流动不平衡的影响，并通过定量分析，初步设定了优化的工艺参数。分析结果表明，优化后的参数无论填充不平衡还是变形，都得到了很大的改善。

第3章
Taguchi-CAE的集成在细长杆注塑成型工艺参数优化中的应用

3.1 引言

在注塑成型过程中,虽然模具温度、熔体温度、注射压力等工艺参数设为定值,但在实际成型过程中存在±5%的波动,因而会导致产品质量的波动,如笔类产品中,笔杆和笔套的配合过松或过紧。以往的产品质量主要是被动地依靠产品检验和生产过程控制来保证,因此易造成大量的浪费。通常,受设计、制造和使用等因素的影响,产品质量容易不稳定,发生波动。引起产品质量波动的因素很多,一类是可控因素,即在设计和制造中可以控制的因素,如模具温度、熔体温度、材料、注射压力、注射时间、保压压力、保压时间等,这类因素又称为设计变量。另一类是不可控因素,即对产品质量特性有影响,而在设计中难以控制或者控制成本会显著增加的因素,这类因素又称为噪声因素。不可控因素包括产品在使用或运行中,由于环境和使用条件的差异或变化而影响产品质量稳定性的因素,如产品使用中温度、压力、冷却等的波动,或者一些由于在存放和使用过程中,随时间的推移而直接影响产品质量的因素,如材料的老化、失效、磨损、蠕变等,以及产品在制造过程中人员、机器、物料等的差异而使产品质量发生波动的因素,如制造参数、加工方法、工具的磨损和更换、操作人员和加工环境的改变等。

Taguchi试验方法(稳健性设计)的基本思想是,把产品的稳健性设计到产品和制造过程中,通过控制源头质量来抵御大量下游生产或客户使用中的噪声或不可控因素的干扰,这些因素包括环境湿度、材料老化、制造误差、零件间的波动等。稳健性设计不仅提倡充分利用廉价的元件来设计和制造出高品质的产品,而且提倡使用先进的试验技术来降低设计试验费用。稳健性设计不仅在国外得到广泛应用,而且对于提高我国的产品质量和工程设计水平发挥了重要作用[83]。

稳健性设计的核心是,通过分析可控因素和噪声因素的影响以及它们之间的交互作用,寻找可控因素的最优组合,从而把噪声因素所引起的波动控制在尽可能小的范围内,使得产品或生产过程对于噪声因素所引起的波动不敏感,力图将产品质量与设计过程有机地结合在一起,以减少由设计质量问题带来的较大浪费,确保产品质量,缩短开发周期,降低产品成本。

Taguchi提出以试验设计和信噪比设计为工具的三次设计法,奠定了稳健性设计的理论基础。随后,Karekar、Phadke、Nair也分别进行了研究,三次设计法随之在工程技术界、工业界与统计界得到了高度重视与发展[84,85,86,87]。三次设计法是在产品设计上采取措施,力求减少各种内、外因素对产品功能稳定性的影响,从而达到提高产品质量的目的。三次设计法对于提高产品质量和性能的稳定性具有重要的作用,因而在业界引起了广泛关注,各国学者对此进行了一系列稳健性设计理论的研究与应用工作。

在稳健性设计理论的研究中,一个重要的问题就是稳健性的度量问题。Taguchi 主张用信噪比作为稳健性的度量指标。陈立周[88]根据影响产品质量的因素,讨论质量设计的准则和设计解的稳健性,并利用随机建模原理提出了基于随机模型的稳健性设计方法和基于成本−质量模型的稳健性设计方法。Tsai K M[15]以实例指出望目特性信噪比公式在工程应用中的不足,给出了明确目标和模糊目标两种望目特性信噪比的修正公式。

本章以前述细长杆产品为研究对象,先通过普通的正交试验分析 3 种黏度材料(PP、PC、PC+ABS)的影响因素和最优组合,找到黏度对工艺参数组合的影响规律;然后进一步基于信噪比的正交试验(PP 材料),通过极差和方差分析来找到最优组合并比较二者的寻优精度。

3.2 信噪比的含义

稳健性是指因变量(结果、响应)对因素(原因、输入)发生微小变动的不敏感性。一般情况下,产品质量的好坏是通过质量特性值接近于目标值的程度来评定的。质量特性值越接近目标值,产品质量就越好;质量特性值偏离目标值越远,产品质量就越差。

稳健性设计有以下两个目的:(1)优化均值:使质量特性的均值尽可能达到目标值;(2)最小化各种变异来源引起的质量特性的变异。

这两个方面都很重要,对于一个产品的输出,无论均值多么理想,过大的方差都会导致过多的劣质和不合格产品;同样,无论方差多么小,均值偏差过大都会严重影响产品的使用。这一理论的公式表达就是 Taguchi 所提出的质量损失函数。不像传统的设计方法,稳健性设计技术为工程师提供了影响均值和方差的因素的信息,DOE 在把 Taguchi 思想转变为实践的过程中起着重要的作用。稳健性参数设计是通过选择可控因素的最优组合来减少产品或过程对噪声变化的敏感性,从而达到减少产品或过程的质量特性波动的目的。

Taguchi 提出了三次设计法的思想,即系统设计、参数设计和容差设计,其核心是参数设计。该方法有两个基本工具:信噪比和正交试验设计。前者作为传统响应输出的替代,是将损失模型转化为信噪比指标,并可用于衡量产品的特征;后者是用正交表通过对试验因素水平的安排和试验以确定参数值的最优组合。

Taguchi 用内外表法进行参数设计,他把可控因素放在内表,把噪声因素放在外表,并引入信噪比的概念作为评价参数组合优劣的一种标准。

Taguchi 将质量特性分为望目(质量特性值越接近目标值越好)、望大(质量特性值越大越好)和望小(质量特性值越小越好)3 种,并给出了 3 种质量特性信噪比的计算公式。

假定质量特性值(响应)的测量值分别为 $y_1, y_2, \cdots, y_m$,其均值估计为 $\bar{y}$,方差估计为 s^2,若 y_i 为望目特性,则信噪比为

$$S/N = 10\log\left(\frac{\bar{y}^2}{s^2}\right)$$

若 y_i 为望小特性,则信噪比为

$$S/N = -10\log\left(\frac{1}{m}\sum_{i=1}^{m}y_i^2\right)$$

若 y_i 为望大特性,则信噪比为

$$S/N = -10\log\left(\frac{1}{m}\sum_{i=1}^{m}\frac{1}{y_i^2}\right)$$

式中,m 为试验次数;y_i 为第 i 次试验的体积收缩率。

通过对质量特性的信噪比进行极差和方差分析来找出设计参数的最优组合。

3.3 基于正交设计的注塑成型工艺参数优化

3.3.1 试验安排

(1) 采用的制件为笔头弹出装置,结构为细长杆,直径为 3 mm,长径比大于 15,右侧部分需要侧抽(见图 2-9)。

(2) 材料分别选择 PP、PC、PC+ABS,考虑不同黏度材料的成型质量特性,以体积收缩率($R1$)和最大轴向变形($R2$)为目标。本试验选择细长杆产品作为研究对象,原因在于该制件的注塑成型沿轴向的收缩和变形都非常明显。当熔体沿轴向流动时,分子极易沿轴向发生一致取向,如果模具冷却速度过快,大分子链在流动方向的取向还未完全松弛就被冷却,产生内应力导致制件收缩;熔体填充过程中高压通过细长的通道,与模腔摩擦产生热量导致不均匀的温度场,在不同时间、处于不同位置的材料受到不同程度的热应力而产生变形。轴向的收缩影响制件轴向尺寸精度,变形影响制件同轴度。因此,对于轴向尺寸精度和同轴度要求高的制件,能够精确控制沿轴向的收缩和变形非常重要。

(3) 结合前述分析,采用如图 3-1 所示的浇口位置布局,通过 Moldflow 软件分析得出目标试验结果。

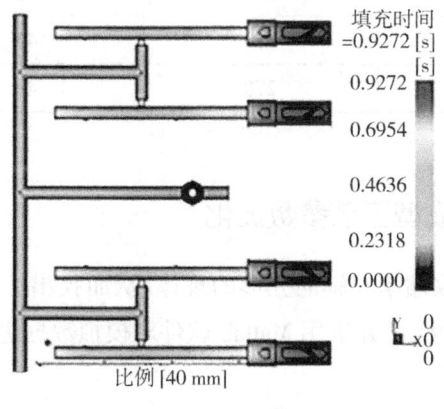

图 3-1 浇口位置

(4)考虑到影响细长杆变形的因素有很多,如填充时间、模具温度、浇口尺寸、熔体温度、保压压力、保压时间等。因此,结合生产实际,优选模具温度、熔体温度、保压压力、保压时间4个参数作为工艺参数检测制件的体积收缩率(影响尺寸准确性)和最大轴向变形。一个4因素3水平的试验,按全面试验的要求,需要运行81次,但通过Taguchi设计,从全面试验中筛选出部分有代表性的点进行试验,用部分代替全体,对于4个参数的试验,只需要9次。方法为:先利用Moldflow软件完成工艺条件试验模拟,然后测量最大体积收缩率和最大轴向变形,最后采用4因素3水平设计正交试验表,基于均值分析和变量分析方法对试验结果进行分析。各材料在不同水平下试验因素的取值如表3-1至表3-3所示。

表3-1 PP材料在不同水平下试验因素的取值

水平	模具温度(℃)	熔体温度(℃)	保压压力(MPa)	保压时间(s)
1	30	210	26	7
2	50	230	30	9
3	70	250	34	11

表3-2 PC材料在不同水平下试验因素的取值

水平	模具温度(℃)	熔体温度(℃)	保压压力(MPa)	保压时间(s)
1	65	270	60	7
2	75	280	70	9
3	85	290	80	11

表3-3 PC+ABS材料在不同水平下试验因素的取值

水平	模具温度(℃)	熔体温度(℃)	保压压力(MPa)	保压时间(s)
1	65	230	41	7
2	75	250	45	9
3	85	270	49	11

3.3.2 PP材料注塑成型工艺参数优化

为得到PP材料的体积收缩率和轴向变形的规律,从而找出工艺参数的最优组合,并确定成型因素的主次关系和显著性,此处运用Matlab软件对模拟数据进行极差分析和方差分析,结果如表3-4、表3-5所示。

第3章 Taguchi-CAE的集成在细长杆注塑成型工艺参数优化中的应用

表 3-4 PP 材料正交试验表及结果分析

试验号	试验因素				质量指标	
	模具温度 $A(℃)$	熔体温度 $B(℃)$	保压压力 $C(MPa)$	保压时间 $D(s)$	平均体积收缩率(%)	轴向变形(mm)
1	30	210	26	7	8.912	0.6772
2	30	230	30	9	9.283	0.6442
3	30	250	34	11	10.03	0.6258
4	50	210	30	11	6.719	0.6852
5	50	230	34	7	5.534	0.6554
6	50	250	26	9	10.01	0.6443
7	70	210	34	9	8.749	0.6927
8	70	230	26	11	10.02	0.6767
9	70	250	30	7	8.087	0.643
结果分析						
体积收缩率分析	$T1$	18.496	24.380	26.537	22.533	—
	$T2$	19.858	20.342	19.594	21.142	—
	$T3$	26.856	20.488	19.079	21.535	—
	$R1$	**6.165**	8.127	8.846	7.511	—
	$R2$	6.619	**6.781**	6.531	**7.047**	—
	$R3$	8.952	6.829	**6.360**	7.178	—
	R	2.7867	1.346	2.486	0.4637	—
轴向变形分析	$T1_x$	1.065	2.055	1.998	1.493	—
	$T2_x$	1.502	1.010	1.489	1.497	—
	$T3_x$	2.012	1.514	1.092	1.589	—
	$R1_x$	**0.355**	0.685	0.666	**0.498**	—
	$R2_x$	0.501	**0.337**	0.496	0.499	—
	$R3_x$	0.671	0.505	**0.364**	0.530	—
	R_x	0.315 9333	0.348 5333	0.301 9667	0.0321	—

注:Ti、Ti_x 分别为各因素在各水平对应的质量指标值之和;Ri、Ri_x 分别为各因素在各水平对应的质量指标均值;R、R_x 分别为两个评价标准的极差。

表 3-5 PP 材料方差分析表

方差分析	方差来源	偏差平方和	自由度	平均偏差平方和	F 值	显著性
体积收缩率的方差分析	A	13.413	2	6.7065	39.126	*
	B	3.4972	2	1.7486	10.2013	—
	C	11.5658	2	5.7829	33.7378	*
	D	0.3428	2	0.1714	1	—
	e	0.3428	2	0.1714	—	—
轴向变形的方差分析	A	0.150 0169	2	0.075 0084	76.228 08	*
	B	0.182 2844	2	0.091 1422	92.624 202	*
	C	0.137 4915	2	0.068 7457	69.863 558	*
	D	0.001 9671	2	0.000 9835	1	—
	e	0.001 9671	2	0.000 9835	—	—

注:e 为试验的随机误差,* 表示影响的显著性。

PP 材料成型因素对 $R1$、$R2$ 的影响分析和讨论如下。

(1)极差分析:极差的大小反映了成型因素水平变化对结果的影响。极差越大,说明成型因素变化时对试验指标的影响越大。从表 3-4 中可以看出,各因素对体积收缩率的影响主次关系为 $A>C>B>D$,对轴向变形的影响主次关系为 $B>A>C>D$。

(2)按照体积收缩率和端点处轴向变形越小越好的原则,通过正交分析,可以得到以体积收缩率为评价标准的最优工艺参数组合为$[A1,B2,C3,D2]$,即模具温度 30 ℃、熔体温度 230 ℃、保压压力 34 MPa、保压时间 9 s。以轴向变形最小的原则,得到以最大轴向变形为评价标准的最优工艺参数组合为$[A1,B2,C3,D1]$,即模具温度 30 ℃、熔体温度 230 ℃、保压压力 34 MPa、保压时间 7 s。两者结果相差不大,只是保压时间上稍有差别。

(3)方差分析:定量估计各个因素对整体测量响应的相对贡献,筛选出对翘曲变形量影响显著的因素,根据各个因素水平计算各个试验因素的方差,从而可以确定各个因素对轴向变形的影响程度排序。F 值反映了质量指标的波动,其值越大,最大翘曲变形量的波动就越大。从表 3-5 中可以看出,各因素对体积收缩率的影响主次关系为 $A>C>B>D$,对轴向变形的影响主次关系为 $B>A>C>D$。

(4)数据评判:如图 3-2、图 3-3 所示,通过对优化后的两组参数重新进行模拟,第一组参数的最大体积收缩率为 16.32%,平均体积收缩率为 6.497%,最大轴向变形为 0.6271 mm;第二组参数的最大体积收缩率为 16.32%,平均体积收缩率为 6.475%,最大轴向变形为 0.6260 mm。由于 D 对优化指标的波动影响最小,同时第二组的试验数据稍优于第一组,所以最终确定优化的工艺参数组合为第二组:$[A1,B2,C3,D1]$。

第3章 Taguchi-CAE的集成在细长杆注塑成型工艺参数优化中的应用

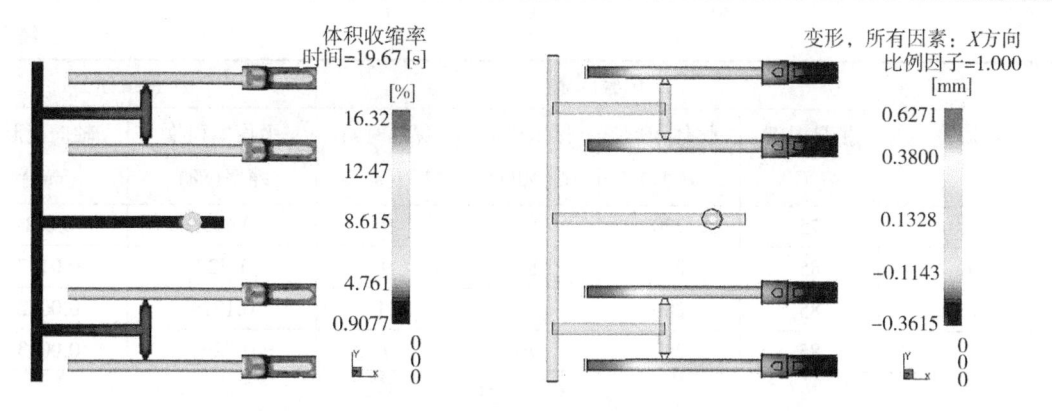

图 3-2 $[A1, B2, C3, D2]$ 的 $R1$、$R2$ 值

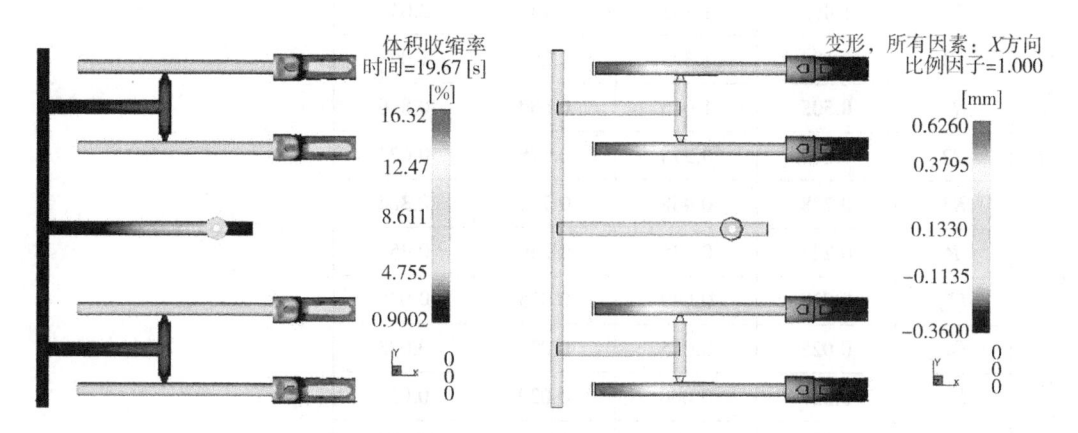

图 3-3 $[A1, B2, C3, D1]$ 的 $R1$、$R2$ 值

3.3.3 PC 材料注塑成型工艺参数优化

为得到 PC 材料的体积收缩率和轴向变形的规律,从而找出工艺参数的最优组合,并确定成型因素的主次关系和显著性,此处运用 Matlab 软件对模拟数据进行极差分析和方差分析,结果如表 3-6、表 3-7 所示。

表 3-6 PC 材料正交试验表及结果分析

试验号	试验因素				质量指标	
	模具温度 $A(℃)$	熔体温度 $B(℃)$	保压压力 $C(MPa)$	保压时间 $D(s)$	平均体积收缩率(%)	轴向变形(mm)
1	65	270	60	7	0.9923	0.0154
2	65	280	70	9	0.2817	0.0089
3	65	290	80	11	0.2402	0.0036
4	75	270	70	11	0.7244	0.0157
5	75	280	80	7	0.7258	0.0081

续表

试验号	试验因素				质量指标	
	模具温度 $A(℃)$	熔体温度 $B(℃)$	保压压力 $C(MPa)$	保压时间 $D(s)$	平均体积收缩率(%)	轴向变形(mm)
6	75	290	60	9	0.4059	0.001
7	85	270	80	9	1.327	0.0177
8	85	280	60	11	0.1279	0.0082
9	85	290	70	7	0.7291	0.0013
结果分析						
体积收缩率分析	$T1$	1.514	3.044	1.526	2.447	
	$T2$	1.856	1.135	1.735	2.015	
	$T3$	2.184	1.375	2.293	1.093	
	$R1$	**0.505**	1.015	**0.509**	0.816	
	$R2$	0.619	**0.378**	0.578	0.672	
	$R3$	0.728	0.458	0.764	**0.364**	
	R	0.223	0.636	0.256	0.452	
轴向变形分析	$T1_x$	0.028	0.049	0.025	0.025	
	$T2_x$	0.025	0.025	0.026	0.028	
	$T3_x$	0.027	0.006	0.029	0.028	
	$R1_x$	0.009	0.016	**0.008**	**0.008**	
	$R2_x$	**0.008**	0.008	0.009	0.009	
	$R3_x$	0.009	**0.002**	0.010	0.009	
	R_x	0.001	0.014	0.002	0.001	

注：Ti、Ti_x 分别为各因素在各水平对应的质量指标值之和；Ri、Ri_x 分别为各因素在各水平对应的质量指标均值；R、R_x 分别为两个评价标准的极差。

表 3-7 PC 材料方差分析表

方差分析	方差来源	偏差平方和	自由度	平均偏差平方和	F 值	显著性
体积收缩率的方差分析	A	0.071 977 909	2	0.035 989	1	—
	B	3.254 903 229	2	1.627 4516	45.220 807	*
	C	0.469 399 602	2	0.234 6998	6.521 4316	
	D	0.129 175 776	2	0.064 5879	1.794 6564	—
	e	0.071 977 909	2	0.035 989	—	—

第3章 Taguchi-CAE的集成在细长杆注塑成型工艺参数优化中的应用

续表

方差分析	方差来源	偏差平方和	自由度	平均偏差平方和	F 值	显著性
轴向变形的方差分析	A	1.762 22E-06	2	8.811 11E-07	1.047 694 544	—
	B	0.000 307 762	2	0.000 153 881	182.973 9728	*
	C	4.108 89E-06	2	2.054 44E-06	2.442 859 03	—
	D	1.682 22E-06	2	8.411 11E-07	1	—
	e	1.682 22E-06	2	—	—	—

注:e 为试验的随机误差,* 表示影响的显著性。

PC 材料成型因素对 $R1$、$R2$ 的影响分析和讨论如下。

(1)极差分析:极差的大小反映了成型因素水平变化对结果的影响。极差越大,说明成型因素变化时对试验指标的影响越大。从表3-6 中可以看出,各因素对体积收缩率的影响主次关系为 $B>D>C>A$,对轴向变形的影响主次关系为 $B>A>D>C$。

(2)按照体积收缩率和端点处轴向变形越小越好的原则,通过正交分析,可以得到以体积收缩率为评价标准的最优工艺参数组合为 $[A1,B2,C1,D3]$,即模具温度 65 ℃、熔体温度 280 ℃、保压压力 60 MPa、保压时间 11 s。以轴向变形最小的原则,得到以最大轴向变形为评价标准的最优工艺参数组合为 $[A2,B3,C1,D1]$,即模具温度 75 ℃、熔体温度 290 ℃、保压压力 60 MPa、保压时间 7 s。两者都建议有较高的熔体温度和模具温度。

(3)方差分析:定量估计各个因素对整体测量响应的相对贡献,筛选出对翘曲变形量影响显著的因素,根据各个因素水平计算各个试验因素的方差,从而可以确定各个因素对轴向变形的影响程度排序。F 值反映了质量指标的波动,其值越大,最大翘曲变形量的波动就越大。从表3-7 中可以看出,各因素对体积收缩率的影响主次关系为 $B>C>D>A$,对轴向变形的影响主次关系为 $B>C>A>D$。同样,通过模拟确定最优的工艺参数组合为 $[A2,B3,C1,D1]$。

3.3.4 PC+ABS 材料注塑成型工艺参数优化

为得到 PC+ABS 材料的体积收缩率和轴向变形的规律,从而找出工艺参数的最优组合,并确定成型因素的主次关系和显著性,此处运用 Matlab 软件对模拟数据进行极差分析和方差分析,结果如表3-8、表3-9 所示。

表3-8 PC+ABS 材料正交试验表及结果分析

试验号	试验因素				质量指标	
	模具温度 A(℃)	熔体温度 B(℃)	保压压力 C(MPa)	保压时间 D(s)	平均体积收缩率(%)	轴向变形(mm)
1	65	230	41	7	5.443	0.2946
2	65	250	45	9	5.926	0.298
3	65	270	49	11	5.918	0.3075

续表

试验号	试验因素				质量指标	
	模具温度 A(℃)	熔体温度 B(℃)	保压压力 C(MPa)	保压时间 D(s)	平均体积收缩率(%)	轴向变形(mm)
4	75	230	45	11	5.353	0.2865
5	75	250	49	7	6.053	0.3044
6	75	270	41	9	6.242	0.3192
7	85	230	49	9	5.43	0.2894
8	85	250	41	11	6.068	0.3069
9	85	270	45	7	6.633	0.322
结果分析						
体积收缩率分析	$T1$	17.287	16.226	17.753	18.129	
	$T2$	17.648	18.047	17.912	17.598	
	$T3$	18.131	18.793	17.401	17.339	
	$R1$	5.762	5.409	5.918	6.043	
	$R2$	5.883	6.016	5.971	5.866	
	$R3$	6.044	6.264	5.800	5.780	
	R	0.2813	0.8557	0.1703	0.2633	
轴向变形分析	$T1_x$	0.900	0.871	0.921	0.921	
	$T2_x$	0.910	0.909	0.907	0.907	
	$T3_x$	0.918	0.949	0.901	0.901	
	$R1_x$	0.300	0.290	0.307	0.307	
	$R2_x$	0.303	0.303	0.302	0.302	
	$R3_x$	0.306	0.316	0.300	0.300	
	R_x	0.006	0.026	0.0065	0.0067	

注:Ti、Ti_x 分别为各因素在各水平对应的质量指标值之和;Ri、Ri_x 分别为各因素在各水平对应的质量指标均值;R、R_x 分别为两个评价标准的极差。

表 3-9 PC+ABS 材料方差分析表

方差分析	方差来源	偏差平方和	自由度	平均偏差平方和	F 值	显著性
体积收缩率的方差分析	A	0.119 5496	2	0.059 7748	1.105 6504	—
	B	1.162 4496	2	0.581 2248	10.750 879	*
	C	0.045 5896	2	0.022 7948	0.421 6336	—
	D	0.108 1269	2	0.054 0634	1	—
	e	0.045 5896	2	—	—	—

第3章 Taguchi-CAE的集成在细长杆注塑成型工艺参数优化中的应用

续表

方差分析	方差来源	偏差平方和	自由度	平均偏差平方和	F 值	显著性
轴向变形的方差分析	A	5.539E-05	2	2.769E-05	1	—
	B	0.001 0192	2	0.000 5096	18.397 593	*
	C	6.723E-05	2	3.361E-05	1.213 4777	—
	D	7.154E-05	2	3.577E-05	1.291 3357	—
	e	5.539E-05	2	—	—	—

注：e 为试验的随机误差，* 表示影响的显著性。

PC+ABS 材料成型因素对 $R1$、$R2$ 的影响分析和讨论如下。

(1)极差分析：极差的大小反映了成型因素水平变化对结果的影响。极差越大，说明成型因素变化时对试验指标的影响越大。从表3-8中可以看出，各因素对体积收缩率的影响主次关系为 $B>A>D>C$，对轴向变形的影响主次关系为 $B>D>C>A$。

(2)按照体积收缩率和端点处轴向变形越小越好的原则，通过正交分析，可以得到以体积收缩率为评价标准的最优工艺参数组合为 $[A1,B1,C3,D3]$，即模具温度 65 ℃、熔体温度 230 ℃、保压压力 49 MPa、保压时间 11 s。以轴向变形最小的原则，得到以最大轴向变形为评价标准的最优工艺参数组合为 $[A1,B1,C3,D3]$，即模具温度 65 ℃、熔体温度 230 ℃、保压压力 49 MPa、保压时间 11 s。通过 PC 材料和 ABS 材料的混合，塑料的成型流动得到了很大的改善，不需要较高的熔体温度。

(3)方差分析：定量估计各个因素对整体测量响应的相对贡献，筛选出对翘曲变形量影响显著的因素，根据各个因素水平计算各个试验因素的方差，从而可以确定各个因素对轴向变形的影响程度排序。F 值反映了质量指标的波动，其值越大，最大翘曲变形量的波动就越大。从表3-9中可以看出，各因素对体积收缩率的影响主次关系为 $B>A>D>C$，对轴向变形的影响主次关系为 $B>D>C>A$。$R1$、$R2$ 的最优分析结果一致，最优的工艺参数组合为 $[A1,B1,C3,D3]$。

3.3.5　PP、PC、PC+ABS 材料成型特性小结

3 种材料在笔类企业中都有广泛的应用，它们的黏度关系为 PP<PC+ABS<PC，黏度越高，越需要较高的熔体温度，从成型的角度讲，材料成型参数的波动越小，产品的质量越稳定。

PP 材料的体积收缩率受模具温度和保压压力的影响比较显著，熔体温度、模具温度、保压压力对最大轴向变形都有影响。

PC 是一种高黏度的材料，成型特性稳定，熔体温度对两个指标有显著的影响，填充成型需要高的熔体温度。

PC+ABS 材料的黏度介于 PP 材料和 PC 材料之间，具有二者优点，可以降低熔体温度对材料体积收缩率和最大轴向变形的影响。通过正交试验选择最优工艺参数，可以获得很好的产品质量。

由于平均体积收缩率和最大体积收缩率的变化趋势一致,因此,在后面的研究中将把最大体积收缩率作为优化目标,以便于数据采集,减少由人工误差引起的试验波动。

3.4 基于信噪比的 PP 注塑成型工艺参数优化

通过采用 Taguchi 正交试验,以确定最优的注塑成型工艺参数。在每一个试验中,制件的最大体积收缩率($R1$)和最大轴向变形($R2$)由 Moldflow 软件模拟和测量,考虑注射压力和温度的波动,随机设定温度有 ±5% 的波动,每组重复测量了两次。基于信噪比的正交试验表如表 3-10 所示。

表 3-10 基于信噪比的正交试验表

试验号	试验因素				最大体积收缩率(%)		最大轴向变形(mm)	
	模具温度 $A(℃)$	熔体温度 $B(℃)$	保压压力 $C(MPa)$	保压时间 $D(s)$	1	2	1	2
1	30	210	26	7	15.21	14.92	0.6772	0.6915
2	30	230	30	9	16.34	16.05	0.6522	0.6607
3	30	250	34	11	17.46	17.31	0.6258	0.6306
4	50	210	30	11	15.22	14.79	0.6852	0.6922
5	50	230	34	7	16.35	16.07	0.6686	0.6580
6	50	250	26	9	17.43	17.27	0.6443	0.6340
7	70	210	34	9	15.15	14.70	0.6927	0.6911
8	70	230	26	11	16.35	15.96	0.6767	0.6630
9	70	250	30	7	17.34	17.15	0.6430	0.6320

本书选用具有望小特性的信噪比公式 $S/N = -10 \log\left(\frac{1}{m}\sum_{i=1}^{m} y_i^2\right)$ 对试验进行优化。正交试验结果及信噪比如表 3-11 所示。从表中可以看出,熔体温度和模具温度显示出较大的极差,因此它们对 $R1$ 和 $R2$ 的影响非常显著。相比之下,保压压力和保压时间的极差较小,意味着它们对 $R1$ 和 $R2$ 的影响相对较小。根据极差分析,影响 $R1$ 和 $R2$ 的工艺参数重要性顺序相同,影响程度强弱排序依次为熔体温度、模具温度、保压压力、保压时间。这种排序清楚地表明熔体温度和模具温度是决定 $R1$ 和 $R2$ 的关键因素。

第3章 Taguchi-CAE的集成在细长杆注塑成型工艺参数优化中的应用

表 3-11 正交试验结果及信噪比

试验号	试验因素				R1 信噪比	R2 信噪比
	模具温度 $A(℃)$	熔体温度 $B(℃)$	保压压力 $C(MPa)$	保压时间 $D(s)$		
1	30	210	26	7	−23.5598	3.2940
2	30	230	30	9	−24.1880	3.6558
3	30	250	34	11	−24.8036	4.0380
4	50	210	30	11	−23.5256	3.2393
5	50	230	34	7	−24.1960	3.5655
6	50	250	26	9	−24.7861	3.8877
7	70	210	34	9	−23.4793	3.1991
8	70	230	26	11	−24.1668	3.4800
9	70	250	30	7	−24.7334	3.9101
结果分析						
体积收缩率分析	$R1$	−24.1838	−23.5216	−24.1709	−24.1631	
	$R2$	−24.1692	−24.1836	−24.1490	−24.1511	
	$R3$	−24.1265	−24.7744	−24.1596	−24.1653	
	R	0.0573	1.2528	0.0219	0.0142	
轴向变形分析	$R1_x$	3.6626	3.2441	3.5539	3.5899	
	$R2_x$	3.5642	3.5671	3.6017	3.5809	
	$R3_x$	3.5297	3.9453	3.6009	3.5858	
	R_x	0.1329	0.7011	0.0478	0.0090	

基于信噪比的 $R1$、$R2$ 的主效应图如图 3-4 所示。从图 3-4(a)中可以看出,信噪比最大的工艺参数分别为 $A3$、$B1$、$C2$、$D2$,即 [$A3$,$B1$,$C2$,$D2$] 为最优的工艺参数组合,对应为 $A3 = 70$ ℃、$B1 = 210$ ℃、$C2 = 30$ MPa、$D2 = 9$ s。

从图 3-4(b)中可以看出,信噪比最大的工艺参数分别为 $A1$、$B3$、$C2$、$D1$,即 [$A1$,$B3$,$C2$,$D1$] 为最优的工艺参数组合,对应为 $A1 = 30$ ℃、$B3 = 250$ ℃、$C2 = 30$ MPa、$D1 = 7$ s。

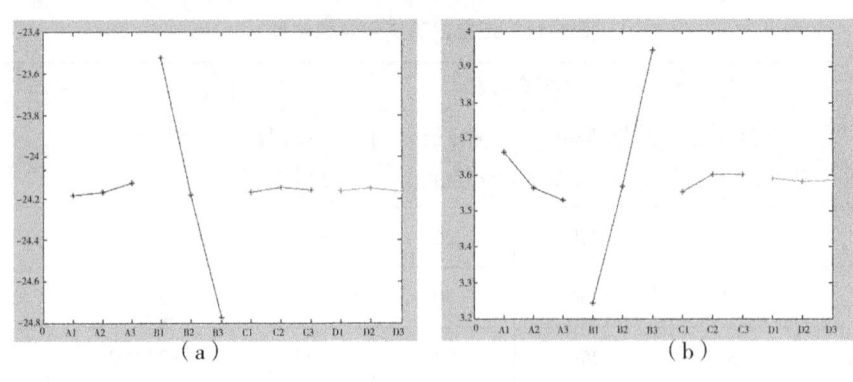

细长杆多腔模注塑成型工艺多因素多目标集成优化

(a)　　　　　　　　　　　(b)

图 3-4　基于信噪比的 $R1$、$R2$ 的主效应图

注：图中变量规范写法应为斜体，但为保留软件模拟的实际结果，图中所有变量均用正体表示。

如表 3-12 所示为基于 $R1$ 信噪比的方差分析。从表 3-12 中可以看出，熔体温度是体积收缩率的第一影响因素，模具温度是第二影响因素。其他两个因素的影响不太明显，为降低 $R1$ 值，优化的工艺参数组合为 $[A3,B1,C2,D2]$，即 $A3=70\ ℃$、$B1=210\ ℃$、$C2=30\ \text{MPa}$、$D2=9\ \text{s}$。如表 3-13 所示为基于 $R2$ 信噪比的方差分析。从表中可以看出，熔体温度仍然是轴向变形的第一影响因素，模具温度是第二影响因素，保压压力是第三影响因素。为降低 $R2$ 值，优化的工艺参数组合为 $[A1,B3,C2,D1]$，即 $A1=30\ ℃$、$B3=250\ ℃$、$C2=30\ \text{MPa}$、$D1=7\ \text{s}$，方差分析与极差分析结果一致。

表 3-12　基于 $R1$ 信噪比的方差分析

来源	自由度	Seq SS	Adj SS	Adj MS	F 值	显著性
A	2	0.005 32	0.005 32	0.002 66	**15.2000**	*
B	2	2.356 78	2.356 78	1.178 39	**6733.6571**	*
C	2	0.000 72	0.000 72	0.000 36	2.0571	—
D	2	0.000 35	0.000 35	0.000 17	1.0000	—
残差误差	2	0.000 35	0.000 35	0.000 17	—	—
合计	8	2.063 75	—	—	—	—

注：Seq SS 为偏差平方和；Adj SS 为调整后的偏差平方和；Adj MS 为调整后的平均偏差平方和。

表 3-13　基于 $R2$ 信噪比的方差分析

来源	自由度	Seq SS	Adj SS	Adj MS	F 值	显著性
A	2	0.0285	0.0285	0.0143	**233.7541**	*
B	2	0.7389	0.7389	0.3694	**6056.2295**	*
C	2	0.0045	0.0045	0.0022	**36.8770**	*
D	2	0.0001	0.0001	0.0001	1.0000	—
残差误差	2	0.000 122	0.000 122	0.000 061	—	—
合计	8	0.771 999	—	—	—	—

第3章　Taguchi-CAE的集成在细长杆注塑成型工艺参数优化中的应用

在多目标优化算法中,不同的优化目标之间存在相互矛盾的情况,这称为冲突目标。这可能是因为各个目标之间的利益不一致,或者是因为在特定条件下各个目标不能同时最大化或最小化。分析两个冲突目标的最优工艺参数组合,可运用直观分析法。由于从基于信噪比的 $R1$、$R2$ 的主效应图上看,模具温度、熔体温度和保压时间对 $R1$、$R2$ 的影响趋势相反,因此采用折中的方法取各工艺参数的中间值作为最优工艺参数组合,即 $[A2,B2,C2,D(8\text{ s})]$,通过 Moldflow 软件模拟最终的优化结果。如图 3-5 所示为 $R1$ 最优的 $R1$、$R2$ 值,如图 3-6 所示为 $R2$ 最优的 $R1$、$R2$ 值,如图 3-7 所示为折中后的 $R1$、$R2$ 值。

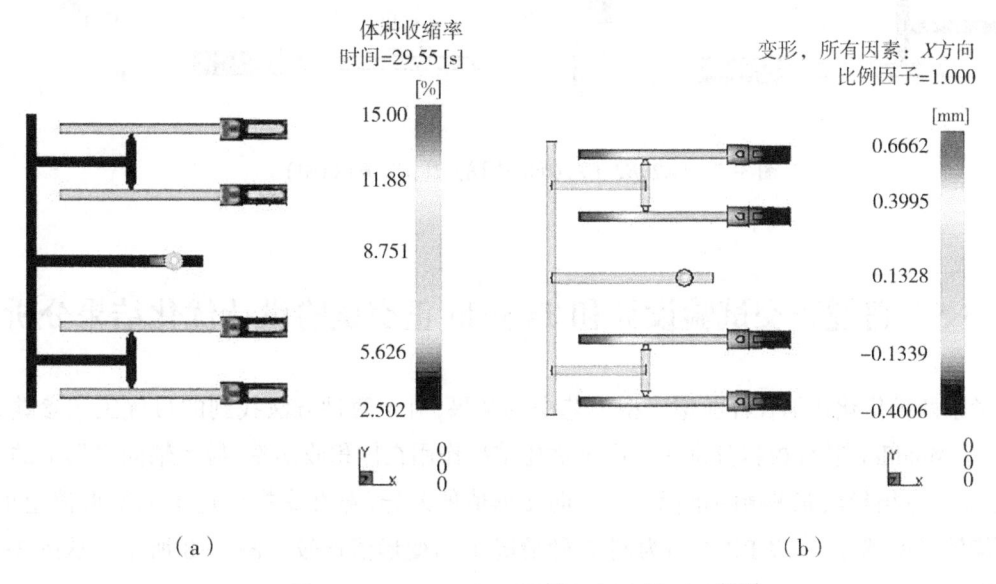

图 3-5　$[A3,B1,C2,D2]$ 的 $R1$、$R2$ 值($R1$ 最优)

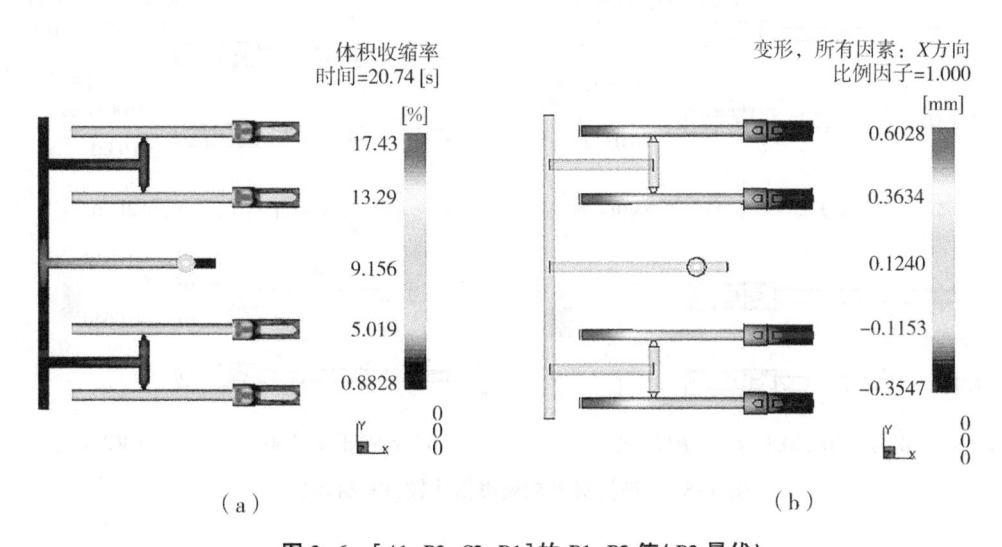

图 3-6　$[A1,B3,C2,D1]$ 的 $R1$、$R2$ 值($R2$ 最优)

(a)　　　　　　　　　　　　　　　　(b)

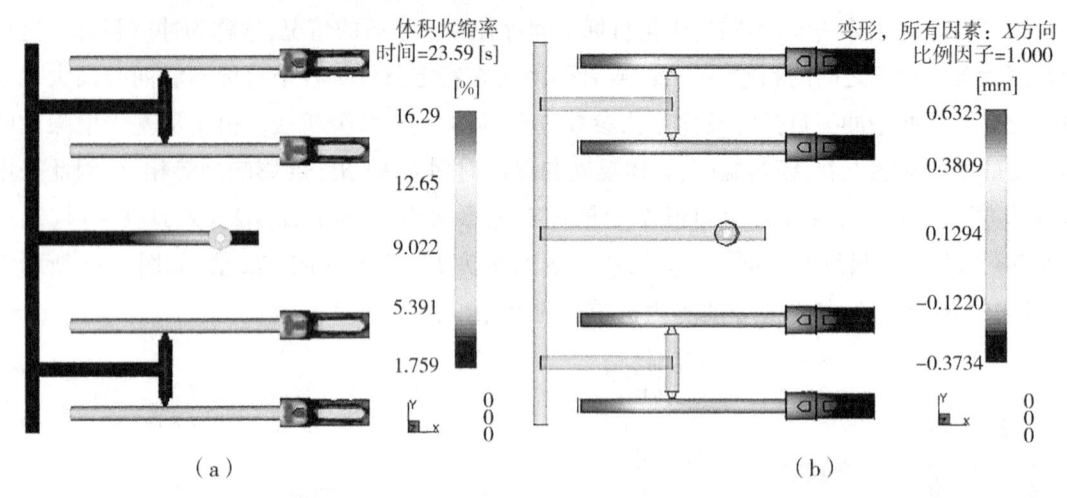

图 3-7　$[A2, B2, C2, D(8\ s)]$ 的 $R1$、$R2$ 值(折中)

3.5　普通正交试验设计和 Taguchi 正交试验设计优化结果分析

为考察两种优化在细长杆注塑成型工艺中的结果,对于两种方法找到的最优工艺参数组合,可基于 Moldflow 软件模拟分别对比两种优化结果作用在体积收缩率、最大轴向变形上的效果,此处需考虑衡量填充平衡的指标——Y 向变形值的差异(第 2 章提到过 Y 向变形值越小,填充平衡效果就越好)。以 PP 材料为例,3 种情况 Y 向变形值比较如图 3-8 所示。从图 3-8 中可以看出,Taguchi 正交试验折中后的平衡效果最好。

(a) 普通正交 [30,230,34,9]($R1$ 最优)　　　　(b) 普通正交 [30,230,34,7]($R2$ 最优)

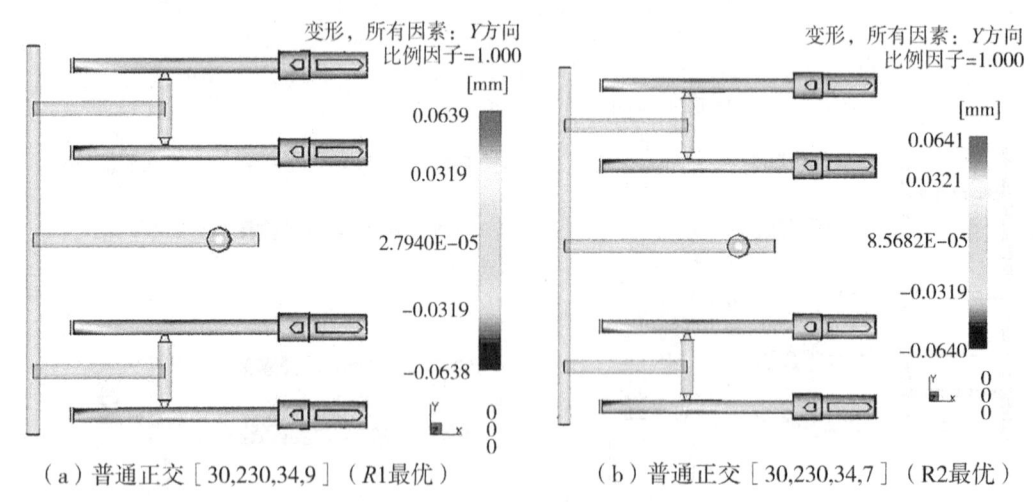

图 3-8　3 种情况 Y 向变形值比较(PP 材料)

第3章 Taguchi-CAE的集成在细长杆注塑成型工艺参数优化中的应用

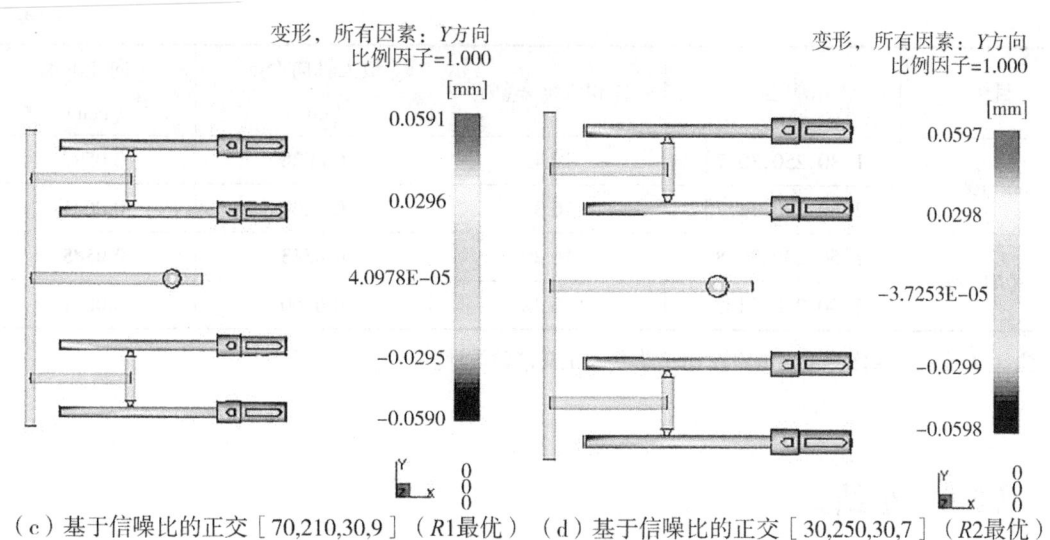

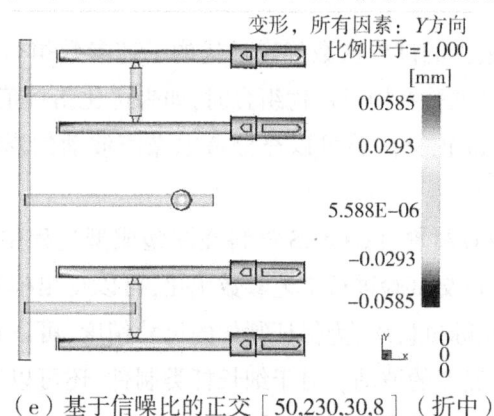

（c）基于信噪比的正交[70,210,30,9]（R1最优） （d）基于信噪比的正交[30,250,30,7]（R2最优）

（e）基于信噪比的正交[50,230,30,8]（折中）

续图3-8 3种情况Y向变形值比较(PP材料)

PP材料基于信噪比的正交试验设计和普通正交试验设计最优工艺参数结果比较如表3-14所示。对于单目标的寻优结果来说，无论最大轴向变形，还是体积收缩率，基于信噪比的正交试验设计结果明显好于普通正交试验设计结果，而且衡量填充平衡性的指标——Y向变形值，同样是前者优于后者。对于两个目标的寻优结果来说，由于采用了直观分析法和简单加权法，基于信噪比的正交试验设计仍然是较优的。所以，优化指标值变化较小时，由于受噪声波动的影响，普通正交试验设计的极差和方差分析很难分辨最优的工艺参数组合和最显著的影响因素，此时基于信噪比的正交试验设计无疑是较优的选择。

表3-14 PP材料基于信噪比的正交试验设计和普通正交试验设计最优工艺参数结果比较

目标	组合	体积收缩率(%)	最大轴向变形 (mm)	Y向变形值 (mm)
min($R1$)	1[70,210,30,9]	15	0.6662	0.0591
	2[30,230,34,9]	16.32	0.6271	0.0639

续表

目标	组合	体积收缩率(%)	最大轴向变形（mm）	Y向变形值（mm）
min($R2$)	1[30,250,30,7]	17.43	**0.6028**	0.0597
	2[30,230,34,7]	16.32	0.6260	0.0641
min($R1,R2$)	1[50,230,30,8]	**16.29**	**0.6363**	**0.0585**
	2[30,230,34,7]	16.32	0.6260	0.0641

注：1 为基于信噪比的正交试验设计；2 为普通正交试验设计。

3.6 小结

普通正交试验能够以最少的试验次数确定最优的工艺参数组合，对注塑生产实践具有重要的指导意义。但普通正交试验在搜寻最优组合时，如果优化指标值变化较小，则可能会获得比较相近的均值。而 Taguchi 正交试验可以充分考虑噪声波动的影响，从而使筛选出的结果更优。

黏度不同的 PP 材料、PC 材料、PC+ABS 材料在注塑成型过程中，对两个冲突目标 $R1$、$R2$ 的影响各不相同，通过两种正交试验进行工艺参数优化，可以得出模具温度和保压压力对细长杆类制件的影响最大。在实际试模中，为保证制件的尺寸精度，可以在材料允许的范围内适当提高模具温度，并减小模具温度的波动。对于细长杆类制件，还可以适当提高保压压力来克服浇口阻力，以进行补料而减小体积收缩率。

尽管 Taguchi 正交试验在参数设计方面的贡献非常突出，但其缺点也是不容忽视的，即受试验次数限制，没有考虑控制各因素间的交互作用。如果考虑交互作用，则还要进行更多因素的正交试验，尤其基于信噪比内外正交表导致的试验次数增多，有时试验费用可能是难以负担的。所以，Taguchi 正交试验只能用于小型或中型问题，对于较复杂的问题并非很有效，因此寻找更优、更精确的优化算法是下一步的任务。

第4章
Taguchi-RSM-CAE的集成在细长杆注塑成型工艺参数优化中的应用

4.1 引言

注塑成型的熔体填充是复杂的、受多种因素影响的非线性变化过程,而且各因素间通常又存在交互作用,仅通过单因素试验往往无法达到预期的效果[88]。尤其当试验因素很多时,需要多次试验和较长的试验周期才能逐个优化各因素。Taguchi 正交试验的优点:其比较注重科学、合理地安排试验,同时考虑多个因素,以寻找最优的因素水平组合;试验次数明显少于同因素、同水平的单因素试验;通过方差分析,其可得到影响试验结果的主次因素。但在应用该方法的过程中,如果需要考虑各因素间的交互作用,则试验次数将大大增加。而且,Taguchi 内外正交表有 3 个主要缺点:一是若可控因素和噪声因素数量较多,则设计为高阶分式,而且试验次数较多;二是这种高阶分式设计不能研究可控因素的交互作用;三是 Taguchi 正交试验重视可控因素与噪声因素之间的交互作用,但忽略了各个可控因素之间的交互作用,因此其建模的模型误差可能较大。综上所述,Taguchi 内外正交表不能满足要求,因此,有必要考虑一种更合适的设计形式。

当同一试验的拟合模型同时包含可控因素与噪声因素时,该模型常称为响应模型方法。许多学者指出,由响应模型方法进行的试验设计要比 Taguchi 所倡导的乘积数组方法更经济、更有效。他们还指出,当试验为高阶分式时,响应模型方法避免了不必要的主效应估计的偏差。

响应面法(Response Surface Methodology,RSM)是指通过设计合理的有限次试验,建立一个包括各显著因素的一次项、平方项和任意两个因素之间的一级交互作用项的数学模型,从而拟合出因素与响应间的全局函数关系,有助于快速建模,缩短优化时间和提高应用可信度。该方法通过对函数响应面和等高线的分析,对影响目标响应值的各因素水平及其交互作用进行优化和评价,快速有效地确定多因素系统的最优条件[89]。

近年来,各个行业的文章体现了 RSM 的广泛使用,非线性模型和因素间交互作用是 RSM 的重点。Bas D 归纳了 RSM 应用中的常见错误及其局限性,并探讨了新的使用范畴如稳定性评估等,给以后的研究人员如何使用 RSM 提供了指导[90,91]。Bezerra M A 等[92]分析了几种试验设计(three-level factorial, Box-Behnken, central composite and Boehlert designs)的特性和效率。Liyana-Pathirana C[93]提出了一种新的试验设计方法——面心立方设计(FCD),通过 RSM 设计了从小麦中提取酚类化合物的最优工艺条件方法,并通过试验证明了模型的适用性[97]。Mathivanan D,Parthasarathy N S[79]按照注塑工艺的变量用 RSM 建立了一种非线性模型,基于 CCD 试验,在流动模拟的基础上通过响应面建立了沉降深度的非线性模型,预测模型结果和实际结果误差在±1.4%内。Liao S J 等[34]用 RSM 分析了手机盖薄壁零件的成型工艺参数的交互作用,并通过检验 F 值分析了各因素及交互作用的显著性。结果表明,保压压力是影响薄壁产品收缩和翘曲的主要因素。

总之,响应面法在解决工业问题上很有效,主要应用在以下3个方面。

(1)在给定的区域上确定响应曲面的形状。如果未知的响应函数在当前的可行域上被成功地拟合出来,就可以成功预测因素改变时响应可能发生的变化。

(2)确定最优化响应和因素水平。在实际工程应用中,一个很重要的问题就是决定最优响应的最优条件,通过 RSM 能够确定最优条件的水平和最优的响应值。

(3)多目标响应。大多数响应曲面问题都会要求几个响应同时达到要求。

本章对响应面法的基本原理、试验设计的方法、试验数据的处理质量及其应用进行了阐述,并以响应面法为分析方法,分析了细长杆类制件注塑成型过程中的工艺参数(模具温度、熔体温度、保压时间、保压压力)对细长杆类制件的质量指标(体积收缩率和最大轴向变形)的影响。选取中心组合试验设计,构建了一个包含4因素3水平的试验方案,根据试验数据分别拟合了影响体积收缩率和轴向变形的二次多项回归模型。通过方差分析,对模型的显著性、试验因素的显著性、因素间交互作用的显著性及试验值的可靠性进行了检验;通过响应面优化找到了最优的工艺参数和指标值,模型预测值与试验值非常接近,且较优化前有了明显提高。

4.2　RSM 研究方法

4.2.1　RSM 研究方法简介

RSM 是试验设计、数理统计和最优化技术的一种综合应用,它是利用统计学的综合试验技术解决复杂系统输入(试验变量)与输出(响应或试验指标)之间关系的一种方法。其基本思路是用显式模型替代试验变量与试验指标间的隐式功能函数,从而便于优化计算。其主要过程包括试验设计、响应面拟合及优化计算等步骤。首先,利用试验设计方法在设计空间中找到试验点,并得到试验变量与试验指标的数据;然后,利用试验数据拟合出响应面模型并进行显著性等检验,以确定所构造的响应面模型满足设计要求;最后,利用优化设置进行寻优计算,找到试验变量的最优组合及最优响应值。在运用响应面法进行过程优化的试验中,一般最多考虑两因素间的交互作用,这样通过试验数据得到的数学模型一般为多元二次回归方程。

4.2.2　响应面的各因素(变量)之间的交互作用

参数设计中有3类交互作用:可控因素间的交互作用、可控因素与噪声因素间的交互作用、噪声因素间的交互作用。研究表明,噪声因素间的交互作用对稳健性影响甚微,主要靠可控因素与可控因素、可控因素与噪声因素间的交互作用减少波动,这些交互作用的结构决定着过程方差的一致性,而过程方差是参数设计问题的特征。

4.2.3 响应面试验设计方法

传统的试验设计与优化方法,都不能给出直观的图形,因而也不能令人们凭直觉观察其最优点,并且虽然它们能找出最优值,但难以直观地判别优化区域。响应面法是将体系的响应(如细长杆的体积收缩率、最大轴向变形等)作为一个或多个因素(如模具温度、熔体温度、保压时间和保压压力等)的函数,运用图形技术将这种函数关系显示出来,以供人们凭直觉观察来选择试验设计中的最优条件。

要构造这样的响应面并进行分析以确定最优条件或寻找最优区域,首先应通过大量的测试获得试验数据并建立一个合适的数学模型(建模),然后用此数学模型进行寻优分析。而响应面试验设计的目的是通过合理布置试验点的位置来实现利用少量试验点就可得到较高精度的响应面。试验设计的方法多种多样,主要有全因素设计、部分因素设计、中心组合设计(Central Composite Design, CCD)和拉丁超立方设计等,而最常用的是中心组合试验设计、Box-Behnken 试验设计和 Plackett-Burman 试验设计。

建模最常用和最有效的方法之一就是多元线性回归方法,对于非线性体系可做适当处理化为线性形式。设有 m 个因素影响试验指标取值,通过 n 次测量试验,得到 m^n 组试验数据,应用最小二乘法即可求出模型参数矩阵 B,将矩阵 B 代入回归方程,就可得到响应关于各因素水平的数学模型,进而可用图形方式绘出目标响应与因素的关系图。

在注塑成型工艺中,一般不考虑 3 因素及 3 因素以上之间的交互作用,因此设二因素响应(曲)面的数学模型为二次多项式模型。先通过 n 次测量试验,以最小二乘法估计模型各参数,从而建立模型;求出模型后,以二因素水平为 X 坐标和 Y 坐标,以相应的由响应面函数计算的响应为 Z 坐标作出三维空间的曲面,即二因素响应曲面。

由于计算值与试验值之间的差异不一定符合要求,因此,求出系数的最小二乘估计后,应进行检验。一个简单实用的方法就是,以响应的计算值与试验值之间的相关系数是否接近 1 或观察其相关图是否所有的点都基本接近直线进行判别。

4.2.3.1 中心组合试验设计

中心组合试验设计[34]也称 Box-Wilson 法,是由 Box 和 Wilson 开发的、国际上较为常用的响应面试验设计方法,该方法可以通过最少的试验来拟合响应模型,每个因素通常设置 3~5 个水平。该方法不仅能在有限的试验次数下,对影响结果的因素及其交互作用进行评价,而且还能对各因素进行优化,以获得影响过程的最优条件。

中心组合试验设计是响应面法研究中最常用的二阶设计,其模型如式(4-1)所示,其试验点的分布如图 4-1 所示。该试验由 3 部分组成:2^k 个立方体点处的试验、n_c 个中心点处的试验及 $2k$ 个轴点处的试验。

$$y = \beta_0 + \sum_{i=1}^{k}\beta_i X_i + \sum_{i=1}^{j-1}\sum_{j=1}^{k}\beta_{ij}X_i Y_j + \sum_{i=1}^{k}\beta_{ii}X_i^2 \tag{4-1}$$

式中，y 表示系统响应；β_0、β_i、β_{ii} 分别是偏移项、线性偏移和二阶偏移系数；β_{ij} 是交互效应系数；X_i 是各因素水平值。

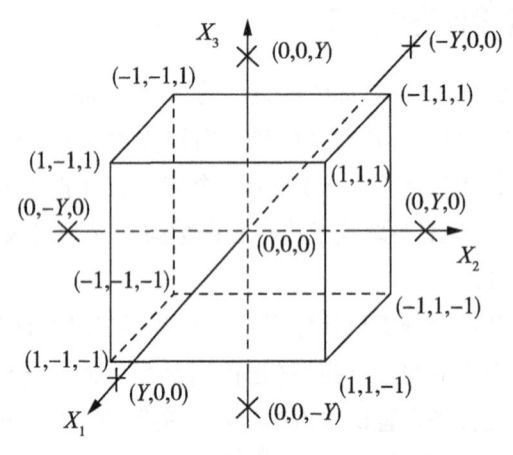

图 4-1 中心组合试验设计试验点的分布

对 $k(k \geq 2)$ 个因素的 2^k 中心组合试验设计需要进行的试验总数为 $N = 2^k + 2k + n_c$，其中 $2k$ 为轴点的试验次数，n_c 为中心点重复的试验次数。

Chan C C 等[94]系统地介绍了中心组合试验设计在注塑成型工艺优化中的应用，他们选取了两个优化参数，在中心组合试验设计方案的基础上，对过程参数进行优化，对参与试验的因素及各因素之间的交互作用对注塑制件质量指标的影响进行定量非线性分析，获得制件质量与注塑过程参数之间的非线性回归方程，找出对制件质量指标影响较大的因素。中心组合试验设计是目前注塑成型工艺优化用得最为广泛的试验设计，缘于中心组合试验设计有以下优良性质。

(1) 恰当地选择中心组合试验设计的轴点坐标，可以使中心组合可旋转设计在各个方向上提供等精确度的估计。

(2) 恰当地选择中心组合试验设计的中心点试验次数，可以使中心组合试验设计是正交的或者是一致精度的设计，然后进一步确定最优点的位置。

4.2.3.2 Box-Behnken 试验设计

Box-Behnken 试验设计[95]是响应面优化法常用的一种试验设计方法，可以提供多因素（一般 3~7 个）3 水平的试验设计及分析，采用多元二次方程来拟合因素和响应值之间的函数关系，通过对回归方程的分析来寻求最优工艺参数，解决多变量问题。

Box-Behnken 试验设计的试验次数与因素数相对应，考察因素越多，试验次数就越多。所以，在对 Box-Behnken 试验设计试设计之前，通过析因设计减少试验次数是非常有必要的。需要先进行一个筛选试验以剔除不重要的因素，可以通过分式析因、Plackett-Burman 以及非正规正交表等试验设计来实现。如果研究初始阶段因素个数较少,就不必实施筛选试验。

孙骏,秦宗慧[96]以汽车反光罩作为研究对象,选取模具温度、熔体温度、保压压力、保压时间作为试验变量,以体积收缩率和翘曲变形作为优化目标,采用 Box-Behnken 试验设计方法,建立试验变量与优化目标之间的二阶响应面模型,通过 Design-Expert 软件进行方差分析得到最优序列,并且由此预测最优结果。

4.2.3.3 Plackett-Burman 试验设计

Plackett-Burman 试验设计[97]由 Plackett 和 Burman 于 1946 年提出,它建立在不完全平衡板块原理的基础上,通过 N 次试验至多可以研究 $N-1$ 个变量(N 一般为 4 的倍数)。Plackett-Burman 试验设计是一种二因素水平的试验设计方法。该方法试图用最少的试验次数使因素的主效应得到尽可能精确的估计,适用于从众多的考察因素中快速有效地筛选出最重要的几个因素,常用于在响应面法分析前筛选显著因素,减少考察因素和试验次数,从而用于进一步的响应面法优化研究。

李吉泉等[98]以聚苯乙烯为例,将系列材料的特性参数近似为其特性参数分布,采用 Plackett-Burman 试验设计构造所需材料,用数值模拟软件分析材料充满同一型腔时所需的最大注射压力,并以此评价材料注塑成型工艺的性能,分析材料参数对注塑成型工艺的影响。结果表明,在 GPPS 系列材料的流变特性和压力体积温度特性中,Cross-WLF 黏度模型中的参数 $D1$ 和 $A1$ 对最大注射压力的影响较显著;Cross-WLF 黏度模型中的 n 和 τ^* 以及双域 Tait 修正模型中的 b_{2s} 和 b_{3s} 对最大注射压力的影响较显著;熔体密度对最大注射压力有一定的影响。李吉泉等[99]通过注塑成型数值模拟和 Plackett-Burman 试验设计相结合,以翘曲度评价注塑制件的翘曲变形情况,分析聚苯乙烯材料的流变特性参数和 PVT 特性参数对注塑制件变形的影响情况来研究材料特性对注塑制件尺寸的影响。

4.2.4 响应面的构造及检验过程

4.2.4.1 响应面的构造

在实际问题中,试验变量(或因素变量)与试验指标(响应)之间的关系是未知或者隐含的,无法用显式表达,这给实际应用造成很大困难。注塑成型选择最优工艺参数的优化问题正是属于该类问题。目前,解决此问题通常选用响应面法,利用最小二乘法构造出试验变量和试验指标(响应)之间的函数[100]。

考虑只有一个响应结果的情况,设 y 为响应变量,$x_1, x_2, \cdots, x_k$ 为试验变量,它们之间存在如下函数关系

$$y = \beta_0 + \beta_1 \varphi_1 + \beta_2 \varphi_2 + \cdots + \beta_m \varphi_m + \varepsilon$$

式中,$\varphi_i = \varphi_i(x_1, x_2, \cdots, x_k)$,$i = 1, 2, \cdots, m$,表示 m 个基函数中的第 i 个;ε 为误差,假设 $\varepsilon \sim N(0, \sigma^2)$。

按照前述的试验设计方法,以这 k 个试验变量为试验因素进行试验设计,假设在 n 个试验

点上进行试验,得到一组响应值,记为 $\vec{y} = (y_1, y_2, \cdots, y_n)^T$,且有

$$y_i = \beta_0 + \beta_1 \varphi_{i1} + \beta_2 \varphi_{i2} + \cdots + \beta_m \varphi_{im} + \varepsilon_i$$

式中,φ_{ij} 为第 j 个基函数在第 i 个试验点上的取值,$i=1,2,\cdots,n$。

写成矩阵形式有

$$\begin{pmatrix} y_1 \\ y_2 \\ \vdots \\ y_n \end{pmatrix} = \begin{pmatrix} 1 & \varphi_{11} & \cdots & \varphi_{1m} \\ 1 & \varphi_{21} & \cdots & \varphi_{2m} \\ \vdots & \vdots & & \vdots \\ 1 & \varphi_{n1} & \cdots & \varphi_{nm} \end{pmatrix} \begin{pmatrix} \beta_1 \\ \beta_2 \\ \vdots \\ \beta_n \end{pmatrix} + \begin{pmatrix} \varepsilon_1 \\ \varepsilon_2 \\ \vdots \\ \varepsilon_n \end{pmatrix}$$

$$\vec{y} = X\vec{\beta} + \vec{\varepsilon}$$

其中

$$\vec{y} = \begin{pmatrix} y_1 \\ y_2 \\ \vdots \\ y_n \end{pmatrix}, X = \begin{pmatrix} 1 & \varphi_{11} & \cdots & \varphi_{1m} \\ 1 & \varphi_{21} & \cdots & \varphi_{2m} \\ \vdots & \vdots & & \vdots \\ 1 & \varphi_{n1} & \cdots & \varphi_{nm} \end{pmatrix}, \vec{\beta} = \begin{pmatrix} \beta_1 \\ \beta_2 \\ \vdots \\ \beta_n \end{pmatrix}, \vec{\varepsilon} = \begin{pmatrix} \varepsilon_1 \\ \varepsilon_2 \\ \vdots \\ \varepsilon_n \end{pmatrix}$$

采用最小二乘法对上式中的系数进行估计,设 $\hat{\boldsymbol{\beta}} = (X^T X)^{-1} X^T \vec{y}$,于是得到如下模型

$$\hat{y} = \hat{\beta}_0 + \hat{\beta}_1 \varphi_1 + \hat{\beta}_2 \varphi_2 + \cdots + \hat{\beta}_m \varphi_m$$

上式即为试验变量与响应变量间的回归方程,也叫响应面函数。需要指出的是,上述函数中的系数向量 $\hat{\boldsymbol{\beta}}$ 是 $m+1$ 维的,所以至少需要获得 $m+1$ 个试验点的试验数据才可求得该系数向量。一般情况下,试验点的个数应比 $m+1$ 多,以保证足够的剩余自由度,从而通过最小二乘法减小响应面函数的误差。若试验点个数恰好是 $m+1$ 个,则拟合将变为插值,这样就将随机误差引入了响应面函数,从而使响应面函数的误差增大,预测精度降低。

在实际应用中,响应面函数一般设计为多元低阶方程。如果不存在交互项和平方项,则为线性函数,即

$$\hat{y} = \hat{\beta}_0 + \hat{\beta}_1 x_1 + \hat{\beta}_2 x_2 + \cdots + \hat{\beta}_m x_m$$

设 k 为试验变量(或因素变量)的个数,此时需要进行至少 $k+1$ 次试验。若只考虑两个因素间的交互作用及平方项,则响应面函数为

$$\hat{y} = \hat{\beta}_0 + \sum_{i=1}^{k} \hat{\beta}_i x_i + \sum_{i=1}^{j-1} \sum_{j=1}^{k} \hat{\beta}_{ij} x_i x_j + \sum_{i=1}^{k} \hat{\beta}_{ii} x_i^2$$

此时所需的试验次数最少为 $\frac{1}{2}(k+1)(k+2)$ 次,为使响应面函数整体显著性达到最优,可剔除不显著的项。另外,响应面函数的阶数越低,函数本身越简单,可减少试验次数,同时可简化后续的分析。特别是二次多项式模型,低阶的响应面函数既保证了一定的非线性特征,同时函数形式也较简单,因此可以应用到注塑制件的优化中。

4.2.4.2 响应面的拟合检验

响应面的评价指标可以很好地说明响应面函数对试验数据的拟合程度,下面是 3 种常见

的评价指标。

(1) 复相关系数 R^2。

复相关系数 R^2 的定义为

$$R^2 = \frac{SSR}{SST} = 1 - \frac{SSE}{SST}$$

SST 为总体平方和,表示 y 观察值的不均匀程度,有

$$SST = \sum_{i=1}^{m}(y_i - \bar{y})^2 = \sum_{i=1}^{m}y_i^2 - m\bar{y}^2$$

式中,$\bar{y}$ 为响应值的均值。

SSE 为误差平方和,表示由随机误差所引起的 y 的不均匀程度,有

$$SSE = \sum_{i=1}^{m}(y_i - \tilde{y}_i)^2$$

式中,$\tilde{y}_i$ 为响应面在对应试验点的值。

SSR 为回归平方和,表示由回归方程所引起的 y 的不均匀程度,有

$$SSR = SST - SSE$$

R^2 是一个在 [0,1] 之间变化的量,其值越接近 1,说明误差的影响越小,即回归方程越准确;若 $R^2 = 1$,则说明回归方程可以精确描述 y 的变化,即观测点全部落在回归方程所确定的曲面上。R^2 可以描述响应面的拟合程度,但它有一个缺陷,即其值随回归方程中自变量个数的增加而增加,当所有自变量均在回归方程上时,R^2 达到最大。由于冗余参数的存在会提高 R^2 的值,因此不能认为 R^2 越大,回归方程的逼近程度就越好。尽管如此,R^2 还是可用于比较具有相同参数个数的不同回归方程的逼近程度,R^2 越大,说明回归方程的逼近程度效果越好。

(2) 修正的复相关系数 R_{adj}^2。

为克服 R^2 的缺陷,需要对其进行修正。其定义为

$$R_{adj}^2 = 1 - \left(\frac{m-1}{m-k}\right)\frac{SSE}{SST}$$

式中,R_{adj}^2 为修正的复相关系数,它考虑了参数个数 k 带来的影响。当参数个数增加时,R_{adj}^2 不一定增加,因此可以用来比较具有不同参数个数的回归方程的逼近程度。

(3) 变异系数 CV。

变异系数 CV 也称样本变异系数 (Coefficient of Variance, CV),它是衡量样本资料中各试验值变异程度的重要统计量,其值反映了试验值的可靠性。当进行两个或多个因素试验值变异程度比较时,如果度量单位和平均数相同,则可以直接利用标准差来比较;如果度量单位和平均数不同,则比较其变异程度不能采用标准差,而需采用变异系数来比较。其定义为

$$CV = \frac{S}{\bar{X}}$$

式中,$\bar{X} = \frac{1}{n}\sum_{i=1}^{n}X_i$ 为样本平均数;$S = \sqrt{S^2} = \sqrt{\frac{1}{n}\sum_{i=1}^{n}(X_i - \bar{X})^2}$ 为样本标准方差。

4.2.4.3 回归模型的显著性检验

由响应面函数的构造知,响应面模型是试验变量与响应函数之间关系的估计,包括对响应函数、系数向量及回归模型拟合检验中统计量 SSE、SST、SSR 等的估计。回归模型的显著性检验主要方法为 F 检验法,下面对检验过程做简要介绍。

假设

(1) $H_0: \beta_1 = \beta_2 = \cdots = \beta_m = 0$。

(2) $H_1: \beta_1, \beta_2, \cdots, \beta_m$ 不全为 0。

响应面模型的显著性检验即检验响应值 y 与试验变量 $x_1, x_2, \cdots, x_k$ 之间是否存在响应面模型所表达的关系。若此关系存在,则可通过最小二乘法求出系数向量的无偏估计;否则,响应值 y 与试验变量 $x_1, x_2, \cdots, x_k$ 之间没有响应面模型所表达的关系,即 $\beta_1 = \beta_2 = \cdots = \beta_m = 0$。

若得出与实际相矛盾的结果,则能推翻原假设 H_0,也即证明了系数向量不全为 0,从而肯定响应面模型所表达的关系是显著的。

根据前述分析,可以证明

$$\frac{\text{SSE}}{\sigma^2} \sim \chi^2(n - m - 1)$$

$$\frac{\text{SST}}{\sigma^2} \sim \chi^2(n - 1)$$

$$\frac{\text{SSR}}{\sigma^2} \sim \chi^2(m)$$

其中,SSE 与 SSR 相互独立,于是有

$$F = \frac{\text{SSR}/m}{\text{SSE}/(n - m - 1)} \sim F(m, n - m - 1)$$

对给定的显著性水平, $a = 0.05$ 或 $a = 0.01$,有

$$P(F > F_a(m, n - m - 1)) = a$$

若 $F > F_a(m, n - m - 1)$,则可推翻原假设,即认为响应面模型存在显著性。

4.2.4.4 因素的显著性检验

在上述讨论中,只有响应面模型的检验结果是显著的,对实际问题的研究才有意义。但是在此情况下,模型中也可能存在对响应值 y 影响不大的项(试验因素)。此时,就需要对响应模型中每个项的显著性进行假设检验,即因素的显著性检验。

假设响应面模型中的第 j 项不显著,即 $\beta_j = 0$,由于 $\hat{\boldsymbol{\beta}}$ 是 $\hat{y}$ 的线性组合,所以 $\hat{\boldsymbol{\beta}}$ 是 m 维向量,且

$$\begin{aligned}
E(\hat{\boldsymbol{\beta}}) &= E[(\boldsymbol{X}^{\mathrm{T}}\boldsymbol{X})^{-1}\boldsymbol{X}^{\mathrm{T}}\vec{y}] \\
&= (\boldsymbol{X}^{\mathrm{T}}\boldsymbol{X})^{-1}\boldsymbol{X}^{\mathrm{T}}E(\vec{y}) \\
&= (\boldsymbol{X}^{\mathrm{T}}\boldsymbol{X})^{-1}\boldsymbol{X}^{\mathrm{T}}E(\boldsymbol{X}\bar{\beta} + \bar{\varepsilon}) \\
&= (\boldsymbol{X}^{\mathrm{T}}\boldsymbol{X})^{-1}\boldsymbol{X}^{\mathrm{T}}\boldsymbol{X}\bar{\beta} \\
&= \bar{\beta}
\end{aligned}$$

$$D(\hat{\boldsymbol{\beta}}) = D[(\boldsymbol{X}^T\boldsymbol{X})^{-1}\boldsymbol{X}^T\vec{y}]$$
$$= (\boldsymbol{X}^T\boldsymbol{X})^{-1}\boldsymbol{X}^T D(\vec{y})\boldsymbol{X}(\boldsymbol{X}^T\boldsymbol{X})^{-1}$$
$$= (\boldsymbol{X}^T\boldsymbol{X})^{-1}\boldsymbol{X}^T D(\boldsymbol{X}\overline{\boldsymbol{\beta}}+\overline{\varepsilon})\boldsymbol{X}(\boldsymbol{X}^T\boldsymbol{X})^{-1}$$
$$= \sigma^2(\boldsymbol{X}^T\boldsymbol{X})^{-1}$$
$$= \overline{\boldsymbol{\beta}}$$

所以有

$$\overline{\beta}_j \sim N(\beta_j, \sigma^2 c_{jj})$$

其中, c_{jj} 是矩阵 $(\boldsymbol{X}^T\boldsymbol{X})^{-1}$ 的第 j 个对角元。于是

$$\hat{\beta}_j - \beta_j \sim N(0, \sigma^2 c_{jj}), \frac{(\hat{\beta}_j - \beta_j)^2}{\sigma^2 c_{jj}} \sim \chi^2(1)$$

所以,在 $\beta_j = 0$ 的条件下,得到

$$F_j = \frac{\hat{\beta}_j^2}{c_{jj}\text{SSE}/(n-m-1)} \sim F(1, n-m-1)$$

给定显著性水平 a,则有

$$P(F_j > F_a(1, n-m-1)) = a$$

因此,通过试验数据或查 F 分布表得 $F_j > F_a(1, n-m-1)$,则可否定假设 $\beta_j = 0$,即说明响应面模型中的第 j 项是显著的。

4.2.4.5 模型最优值的确定

在响应面分析法中,一般采用二阶经验模型对变量的响应行为进行表征,即

$$\hat{y} = \hat{\beta}_0 + \sum_{i=1}^{k}\hat{\beta}_i x_i + \sum_{i=1}^{j-1}\sum_{j=1}^{k}\hat{\beta}_{ij}x_i x_j + \sum_{i=1}^{k}\hat{\beta}_{ii}x_i^2$$

式中, $\hat{y}$ 为系统响应; $\hat{\beta}_0 \, \hat{\beta}_i \, \hat{\beta}_{ii}$ 分别为偏移项、线性偏移和二阶偏移系数; $\hat{\beta}_{ij}$ 为交互效应系数; x_i 为各因素水平值。

为确定响应最优值(最大或最小),通常对回归方程关于 x_i 取一阶偏导数并令导数为零,即

$$\frac{\partial \hat{y}}{\partial x_i} = \sum_{i=1}^{k}\hat{\beta}_i + \sum_{i=1}^{j-1}\sum_{j=1}^{k}\hat{\beta}_{ij}x_j + 2\sum_{i=1}^{k}\hat{\beta}_{ii}x_i = 0$$

满足上式各 x_i 值的组合即为模型最优值。

▶ 4.3 RSM-CAE 的集成在 PP 细长杆注塑成型工艺参数多目标优化中的应用

4.3.1 细长杆注塑响应面研究概述

细长杆类产品在注塑成型中难以解决的问题是收缩和变形的波动,收缩和变形使得产品

在成型过程中需要反复地试模和测量,直到达到产品各项指标要求,在这个过程中浪费了大量的原料、时间和人力。如今,许多的学术研究和企业专注于模流分析在注塑成型工艺的参数优化、降低成本、改善质量、提高效率等方面的应用,但是对于复杂的注塑产品,复杂的优化算法需要大量的计算资源来评估每个参数的多变量的隶属函数。

本章在第3章通过普通正交试验和Taguchi正交试验研究细长杆注塑成型影响因素的基础上,进一步通过响应面法分析注塑成型工艺参数的影响,尤其是参数间的交互作用。通过选用两种黏度不同的材料(PP、PC),分析它们在注塑成型中非线性流动的行为表现和有显著影响的工艺参数的变化情况。由于在笔杆类产品现场试模过程中,经常有多个参数联动变化,因此积累了笔杆类产品的试模经验,本书结合实践探讨成型工艺参数联动变化对最大体积收缩率、最大轴向变形和填充平衡的改善机理,以最大体积收缩率、最大轴向变形作为直接优化目标,以填充平衡作为间接优化目标,为笔杆类产品生产做进一步指导。

4.3.2 试验设计

4.3.2.1 注塑过程参数和CCD试验方案

试验仍旧采用圆珠笔笔杆作为分析模型,通过UG(Unigraphics NX)软件进行三维建模,长径比大于15,采用Globalene 6331 PP材料进行模拟分析。注塑参数选用模具温度、熔体温度、保压时间和保压压力。PP材料的注塑参数和水平如表4-1所示。

表4-1 PP材料的注塑参数和水平

代号	试验因素	单位	水平1	水平2	水平3
MOT	模具温度	℃	30	50	70
MET	熔体温度	℃	210	230	250
HOP	保压压力	MPa	26	30	34
HOT	保压时间	s	7	9	11

通过中心组合设计4因素3水平的试验,在每一个试验中,PP材料的体积收缩率($R1$)和最大轴向变形($R2$)由Moldflow软件模拟和测量,考虑噪声的网格密度、注射压力和温度的波动,每组重复测量了2次取平均值,建立了PP材料收缩和变形的响应面试验模型,如表4-2所示。

表4-2 PP材料收缩和变形的响应面试验模型

试验号	试验因素				响应	
	模具温度 A(℃)	熔体温度 B(℃)	保压压力 C(MPa)	保压时间 D(s)	$R1$(%)	$R2$(mm)
1	50	250	26	7	17.27	0.6339
2	50	250	34	7	17.27	0.6294
3	30	210	26	11	14.92	0.6907

续表

试验号	试验因素				响应	
	模具温度 $A(℃)$	熔体温度 $B(℃)$	保压压力 $C(MPa)$	保压时间 $D(s)$	$R1(\%)$	$R2(mm)$
4	40	230	30	9	16.05	0.6607
5	40	230	22	9	16.05	0.6637
6	50	250	34	11	17.27	0.6316
7	40	190	30	9	13.7	0.7216
8	40	270	30	9	18.37	0.6073
9	40	230	30	13	16.04	0.6609
10	30	250	34	7	17.31	0.6287
11	30	210	34	7	14.92	0.6883
12	50	210	26	7	14.79	0.6941
13	50	210	34	11	14.79	0.6908
14	30	250	26	11	17.31	0.633
15	30	210	34	11	14.92	0.6884
16	50	210	34	7	14.79	0.6903
17	40	230	30	9	16.05	0.6607
18	40	230	30	5	16.05	0.6599
19	40	230	30	9	16.05	0.6607
20	60	230	30	9	16	0.6613
21	30	210	26	7	14.92	0.6915
22	40	230	30	9	16.05	0.6607
23	40	230	30	9	16.05	0.6607
24	50	250	26	11	17.27	0.6342
25	30	250	26	7	17.31	0.6329
26	40	230	38	9	16.04	0.6573
27	50	210	26	11	14.79	0.6935
28	30	250	34	11	17.31	0.6306
29	40	230	30	9	16.05	0.6607
30	20	230	30	9	16.09	0.6604

响应面优化流程如图4-2所示。通过正交试验筛选出显著的注塑成型工艺参数,通过CCD等方法设计试验方案,运用现场试模或数值模拟的方法获取各组试验的目标值,进行响应面的构造和拟合检验,分析因素和交互因素的显著性并确定最优工艺参数组合,最后进行最优工艺参数组合的试验验证。

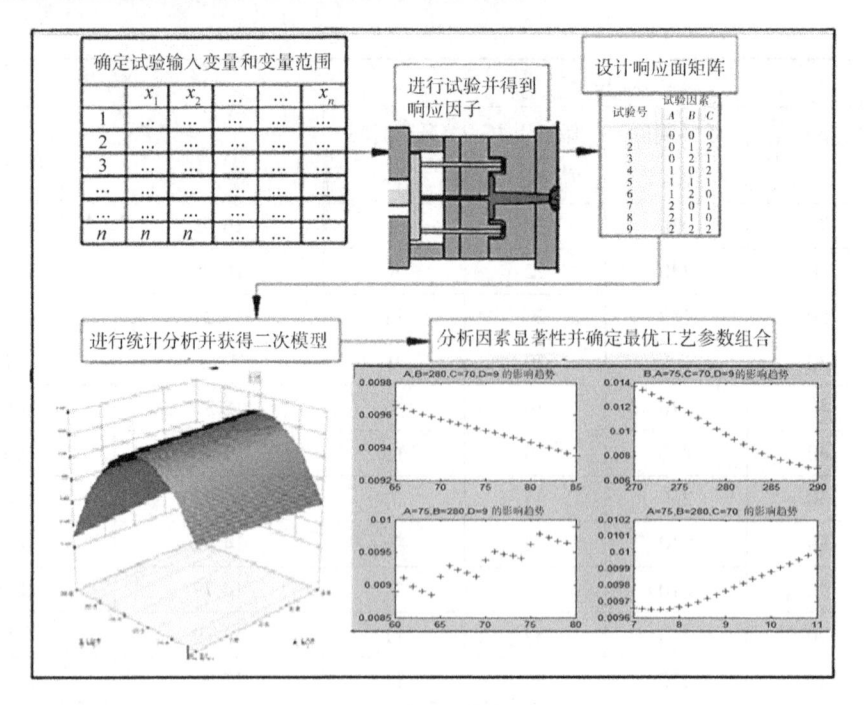

图 4-2 响应面优化流程

4.3.2.2 响应面模型拟合和拟合检验

本章运用中心组合设计来建立体积收缩率和最大轴向变形参数 $R1$、$R2$ 之间的相关性，根据响应面分析软件进行数据分析并推荐模型，描绘体积收缩率和最大轴向变形 $R1$、$R2$ 的线性的和二次响应面的模型方程分别如下，其中 $A(\text{MOT})$、$B(\text{MET})$、$C(\text{HOP})$、$D(\text{HOT})$。

$$R1 = 2.403\ 75 - 0.003\ 58 \times B + 0.060\ 04 \times A - 0.000\ 21 \times C - 0.000\ 42 \times D$$

为获得最优的 $R1$ 值，通过响应面模型获得的最优工艺参数组合为 $[A3, B1, C3, D3]$，即模具温度 70 ℃、熔体温度 210 ℃、保压压力 34 MPa、保压时间 11 s。

$$\begin{aligned} R2 = &\ 1.120\ 33 + 0.000\ 52 \times A - 0.002\ 47 \times B - 0.000\ 1 \times C - 0.002\ 79 \times D \\ &- 1.843\ 75 \times 10^{-6} \times A \times B - 2.343\ 75 \times 10^{-6} \times A \times C + 3.437\ 5 \times 10^{-6} \times A \times D \\ &- 1.328\ 12 \times 10^{-6} \times B \times C + 8.281\ 25 \times 10^{-6} \times B \times D + 4.453\ 13 \times 10^{-5} \times C \times D \\ &+ 7.291\ 67 \times 10^{-8} \times A^2 + 2.268\ 23 \times 10^{-6} \times B^2 - 5.013\ 02 \times 10^{-6} \times C^2 \\ &- 2.630\ 21 \times 10^{-5} \times D^2 \end{aligned}$$

为获得最优的 $R2$ 值，通过两种方式获得的最优工艺参数组合为 $[A1, B3, C3, D1]$，即模具温度 30 ℃、熔体温度 250 ℃、保压压力 34 MPa、保压时间 7 s。如表 4-3、表 4-4 所示分别为 $R1$、$R2$ 的回归模型拟合检验。其中，复相关系数和修正的复相关系数为 0.9992、0.9991 与 0.9996、0.9993，表明模型的有效性；调整 R^2 分别为 0.9988、0.9978，说明模型可以解释 99.88% 的试验所得体积收缩率和 99.78% 的试验所得最大轴向变形；变异系数分别为 0.21%、0.11%，说明模型能很好地反映真实的试验值，即试验的可靠性较高；模型信噪比测量的是信噪比，比值大于 4 是可取的，比值 460.572 和 227.882 意味着充分的信号。这个模型可以用来驾驭设计空间。

表 4-3 R1 的回归模型拟合检验

模型	拟合值	模型	拟合值
标准差	0.033	复相关系数	0.9992
均值	16.06	修正的复相关系数	0.9991
变异系数	0.21%	调整 R^2	0.9988
误差平方和	0.041	模型信噪比	460.572

注:1.标准差 Std.Dev;2.均值 Mean;3.变异系数 CV;4.误差平方和 SSE;5.复相关系数 R-Squared;6.修正的复相关系数 Adj R-Squared;7.调整 R^2 Pred R-Squared;8.模型信噪比 Adeq Precision。

表 4-4 R2 的回归模型拟合检验

模型	拟合值	模型	拟合值
标准差	7.260E-004	复相关系数	0.9996
均值	0.66	修正的复相关系数	0.9993
变异系数	0.11%	调整 R^2	0.9978
误差平方和	4.554E-005	模型信噪比	227.882

4.3.3 响应面模型

4.3.3.1 体积收缩率单目标响应优化

从如表 4-5 所示的 R1 线性响应模型的方差分析中可以看出,模型大于 F 值的概率 $P<0.0001$,表明模型对体积收缩率 R1 的响应值的影响非常显著,可信度较高;在模型中,各单一因素 A、B 尤其是 B 对体积收缩率 R1 的响应值的影响非常显著($P<0.0001$);模型的二次项、两两交互项均不够显著;模型失拟误差(Lack of Fit,表示模型预测值与实际值不拟合的概率)为 0.029 333 333,表明模型符合实际情况,可以用此模型进行 PP 材料体积收缩率的优化和预测。

表 4-5 R1 线性响应模型的方差分析

方差来源	偏差平方和	自由度	平均偏差平方和	F 值	P 值 Prob>F	显著性
模型	34.638 866 67	4	8.659 716 667	7380.440 341	<0.0001	*
A	0.030 816 667	1	0.030 816 667	26.264 204 55	<0.0001	*
B	34.608 016 67	1	34.608 016 67	29 495.468 75	<0.0001	*
C	1.666 67E-05	1	1.666 67E-05	0.014 204 545	0.9061	—
D	1.666 67E-05	1	1.666 67E-05	0.014 204 545	0.9061	—
残差	0.029 333 333	25	0.001 173 333	—	—	—
失拟误差	0.029 333 333	20	0.001 466 667	—	—	—
纯误差	0	5	0	—	—	—
离差平方和	34.6682	29	—	—	—	—

注:1.残差 Residual;2.失拟误差 Lack of Fit;3.纯误差 Pure Error;4.离差平方和 Cor Total。

根据表 4-5 的方差分析,模具温度、熔体温度对体积收缩率 $R1$ 的响应值的影响非常显著,剔除不显著的影响因素,$R1$ 的回归方程为

$$R1 = 2.39375 - 3.58333 \times 10^{-3} \times A + 0.060042 \times B$$

该模型可以用来预测在特定设计点的体积收缩率,模型拟合最优值为 14.8217%,如图 4-3 所示为 $R1$ 的响应值与模拟值的关系。这些数字表明,线性模型在给定的试验域能够代表系统。

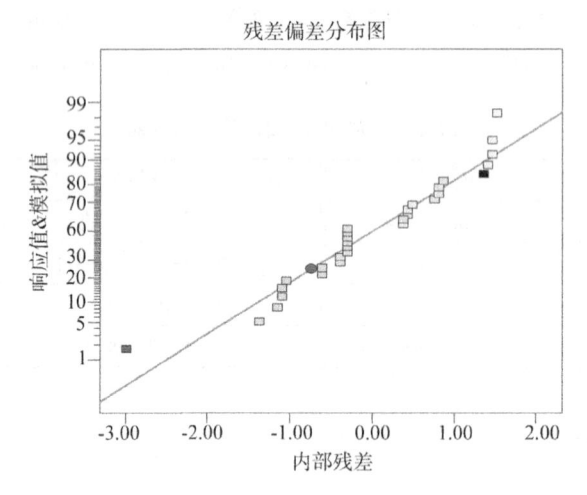

图 4-3　$R1$ 的响应值与模拟值的关系

为了更直观地理解注塑参数之间的交互影响,基于模型公式创建了 PP 材料细长杆测量响应的三维图。由于模型有 4 个变量,因此在每个图中两个变量保持常数,共有 6 个响应面图。如图 4-4 所示为两两变量对 $R1$ 的响应面图。从图中可以看出,$R1$ 与 4 个因素之间近似为线性关系。$R1$ 随着熔体温度的升高而增大,随着模具温度、保压时间、保压压力的增加而减小。因此,要获得较小的 $R1$ 值,理想的控制参数采用较低的熔体温度和较高的模具温度、保压时间和保压压力。

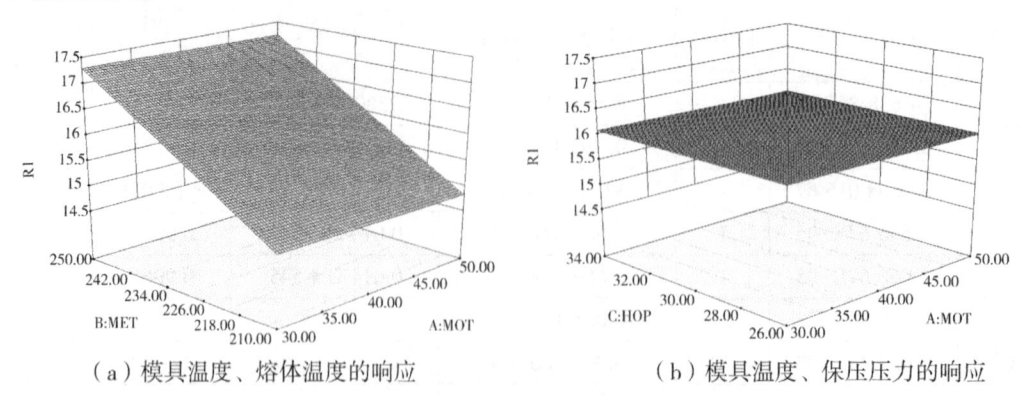

（a）模具温度、熔体温度的响应　　　　（b）模具温度、保压压力的响应

图 4-4　两两变量对 $R1$ 的响应面图

第4章 Taguchi-RSM-CAE的集成在细长杆注塑成型工艺参数优化中的应用

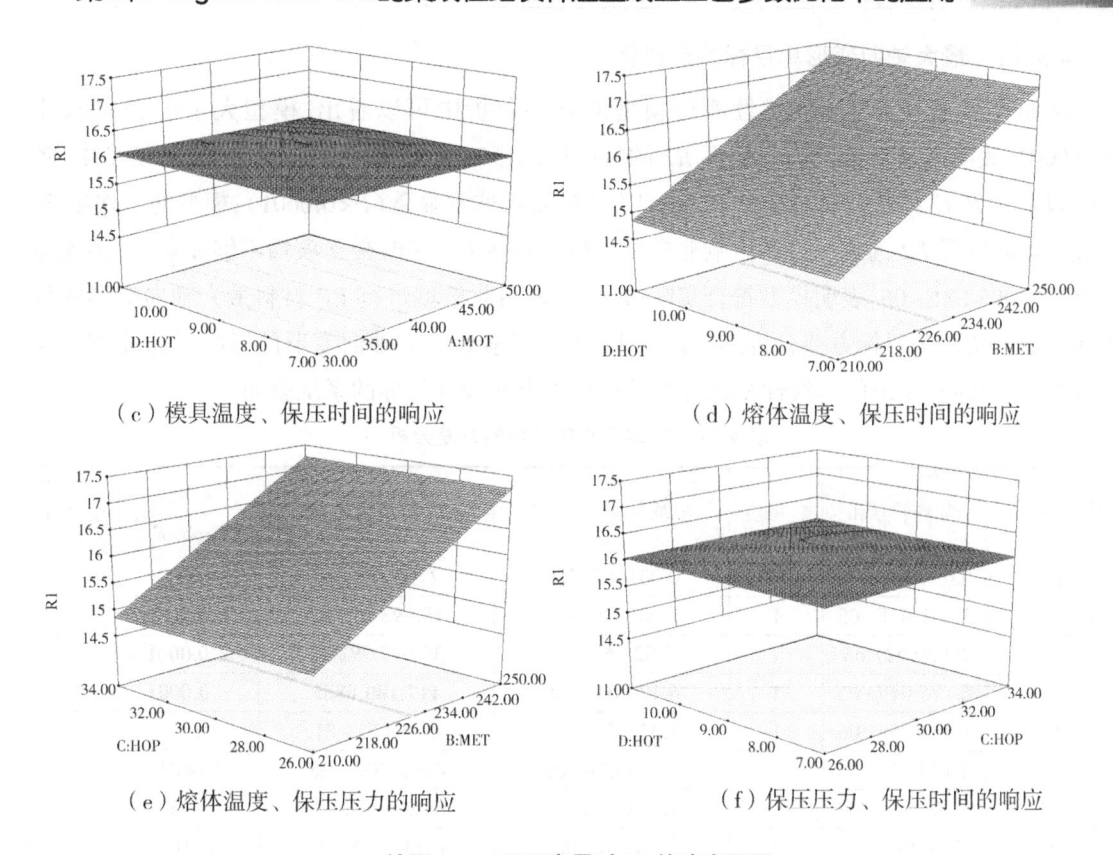

(c) 模具温度、保压时间的响应

(d) 熔体温度、保压时间的响应

(e) 熔体温度、保压压力的响应

(f) 保压压力、保压时间的响应

续图4-4 两两变量对 $R1$ 的响应面图

$R1$ 最优时工艺参数组合的目标值 $R1$、$R2$ 如图4-5所示。通过在 Moldflow 软件中模拟最优工艺参数组合 $[A3, B1, C3, D3]$ 的体积收缩率 (14.85%),并与响应面预测值 (14.8217%) 相比较,误差仅为0.2%,可见,响应面模型的准确性很高,可以作为生产上的应用指导。模拟同时还发现,在目标值 $R1$ 取得最小值时,$R2$ 相对较大。从表4-2中也可以看出,两个目标值不可能同时取最小。

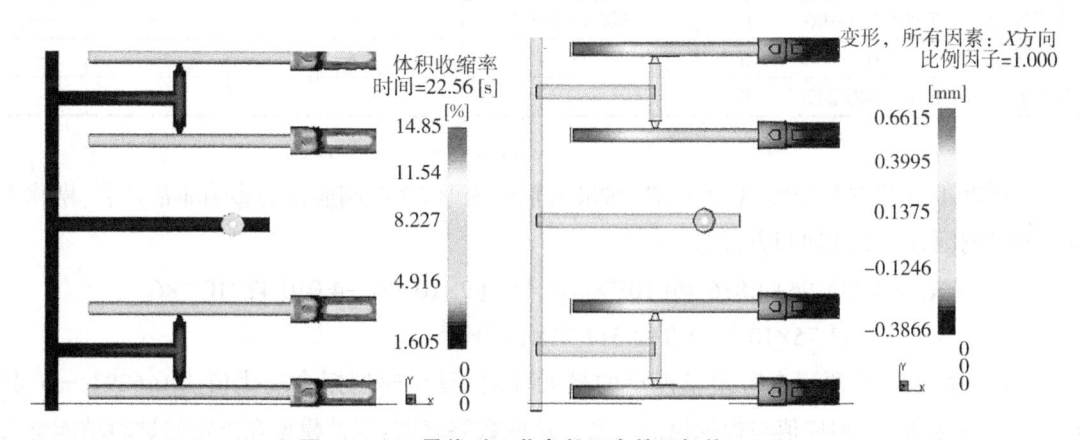

图4-5 $R1$ 最优时工艺参数组合的目标值 $R1$、$R2$

4.3.3.2 最大轴向变形单目标响应优化

从如表4-6所示的R2线性响应模型的方差分析中可以看出,模型大于F值的概率$P<0.0001$,表明模型对最大轴向变形R2的响应值的影响非常显著,可信度较高;在模型中,各单一因素A、B、C对最大轴向变形R2的响应值的影响非常显著($P<0.0001$);模型的二次项B^2对最大轴向变形R2的响应值的影响非常显著($P<0.0001$),两两交互项均不够显著;模型失拟误差为7.905 83E-06,表明模型符合实际情况,可以用此模型进行PP材料最大轴向变形的优化和预测。从两个目标方差分析还可以看出,影响因素对最大轴向变形的影响远比体积收缩率复杂,整个注塑系统的非线性复杂特性是这些单个非线性目标的系统叠加。

表4-6 R2线性响应模型的方差分析

方差来源	偏差平方和	自由度	平均偏差平方和	F值	P值 Prob>F	显著性
模型	0.020 632 336	14	0.001 473 738	2796.172 544	< 0.0001	*
A	1.001 04E-05	1	1.001 04E-05	**18.993 095 82**	**< 0.0001**	*
B	0.020 527 65	1	0.020 527 65	**38 947.792 51**	**< 0.0001**	*
C	6.176 04E-05	1	6.176 04E-05	**117.180 0885**	**< 0.0001**	*
D	1.353 75E-06	1	1.353 75E-06	2.568 514 81	0.1299	—
AB	2.175 62E-06	1	2.175 62E-06	4.127 885 528	0.0603	—
AC	1.406 25E-07	1	1.406 25E-07	0.266 812 48	0.6130	—
AD	7.5625E-08	1	7.5625E-08	0.143 485 823	0.7101	—
BC	1.806 25E-07	1	1.806 25E-07	0.342 705 808	0.5670	—
BD	1.755 63E-06	1	1.755 63E-06	3.331 005 587	0.0880	—
CD	2.030 63E-06	1	2.030 63E-06	3.852 772 215	0.0685	—
A^2	1.458 33E-09	1	1.458 33E-09	0.002 766 944	0.9587	—
B^2	2.257 86E-05	1	2.257 86E-05	**42.839 129 49**	**< 0.0001**	*
C^2	1.764 58E-07	1	1.764 58E-07	0.334 800 253	0.5714	—
D^2	3.036 01E-07	1	3.036 01E-07	0.576 032 616	0.4596	—
残差	7.905 83E-06	15	5.270 56E-07	—	—	—
失拟误差	7.905 83E-06	10	7.905 83E-07	—	—	—
纯误差	0	5	0	—	—	—
离差平方和	0.020 640 242	29	—	—	—	—

根据表4-6的方差分析,A、B、C、B^2对最大轴向变形R2的响应值的影响非常显著,剔除不显著的影响因素,R2的回归方程为

$$R2 = 1.111\ 96 + 4.886\ 46 \times 10^{-4} \times A - 2.454\ 69 \times 10^{-3} \times B - 4.010\ 42 \times 10^{-4} \times C \\ - 1.843\ 75 \times 10^{-6} \times A \times B + 2.317\ 71 \times 10^{-6} \times B^2$$

该模型可以用来预测在特定设计点的最大轴向变形,模型拟合最优值为0.6294 mm,如图4-6所示为R2的响应值与模拟值的关系。这些数字表明,线性模型在给定的试验域能够代表系统。

第4章 Taguchi-RSM-CAE的集成在细长杆注塑成型工艺参数优化中的应用

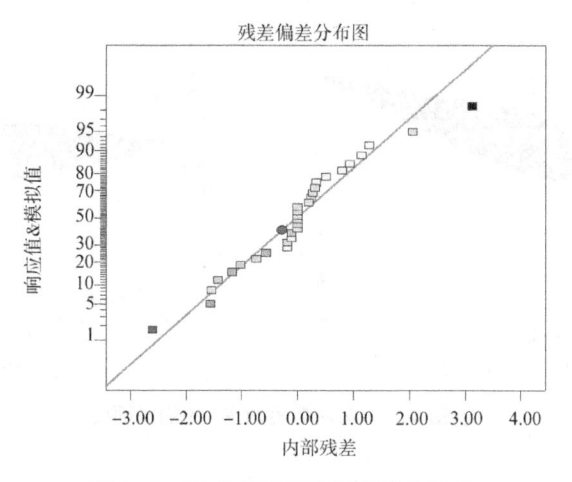

图 4-6 $R2$ 的响应值与模拟值的关系

为了更直观地理解注塑参数之间的交互影响,同样基于模型公式创建了 PP 材料细长杆测量响应的三维图。由于模型有 4 个变量,因此在每个图中两个变量保持常数,共有 6 个响应面图。如图 4-7 所示为两两变量对 $R2$ 的响应面图。从图 4-7 中可以看出,$R2$ 随着熔体温度和保压时间的降低而减小,随着模具温度、保压压力的升高而减小。因此,要获得较小的 $R2$ 值,理想的控制参数采用较低的熔体温度、保压时间和较高的模具温度、保压压力。

(a) 模具温度、熔体温度的响应
(b) 模具温度、保压压力的响应
(c) 模具温度、保压时间的响应
(d) 熔体温度、保压时间的响应

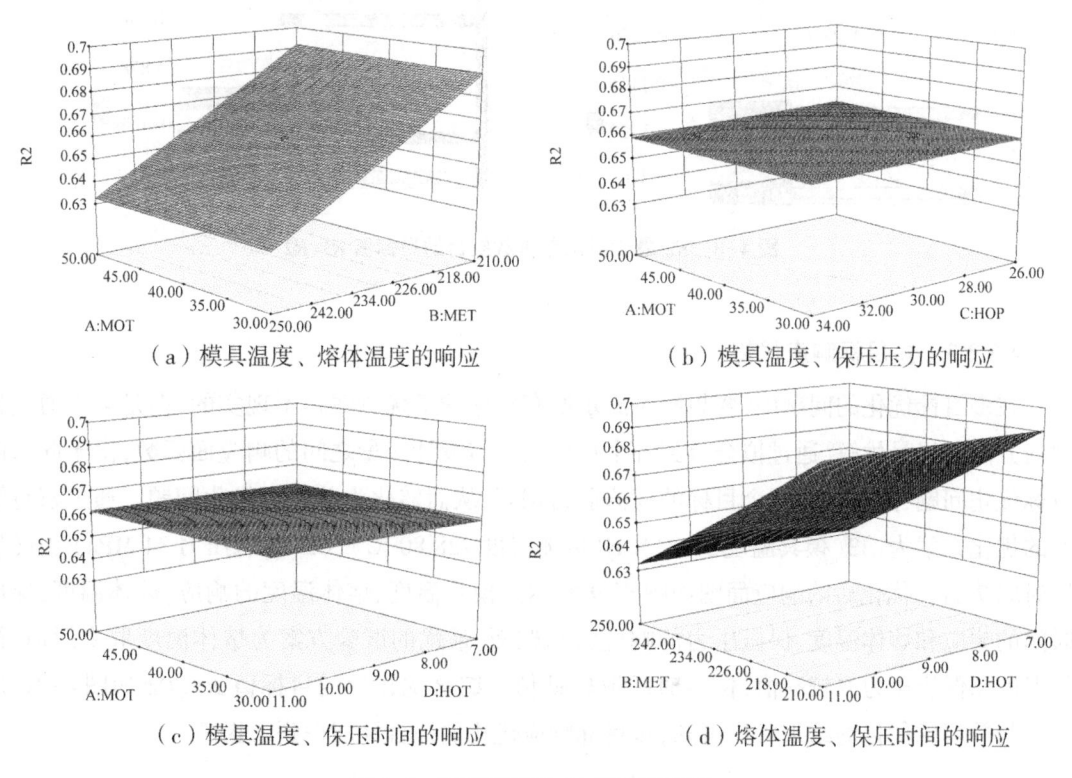

图 4-7 两两变量对 $R2$ 的响应面图

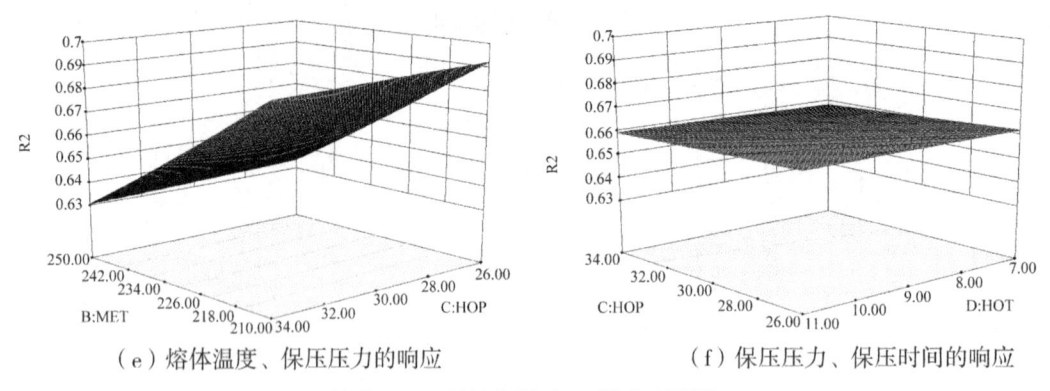

(e) 熔体温度、保压压力的响应　　　　　(f) 保压压力、保压时间的响应

续图 4-7　两两变量对 $R2$ 的响应面图

$R2$ 最优时工艺参数组合的目标值 $R1$、$R2$ 如图 4-8 所示。通过在 Moldflow 软件中模拟最优工艺参数组合 $[A1,B3,C3,D1]$ 的最大轴向变形(0.6039 mm)，并与响应面预测值(0.6294 mm)相比较，误差仅为 4.2%。

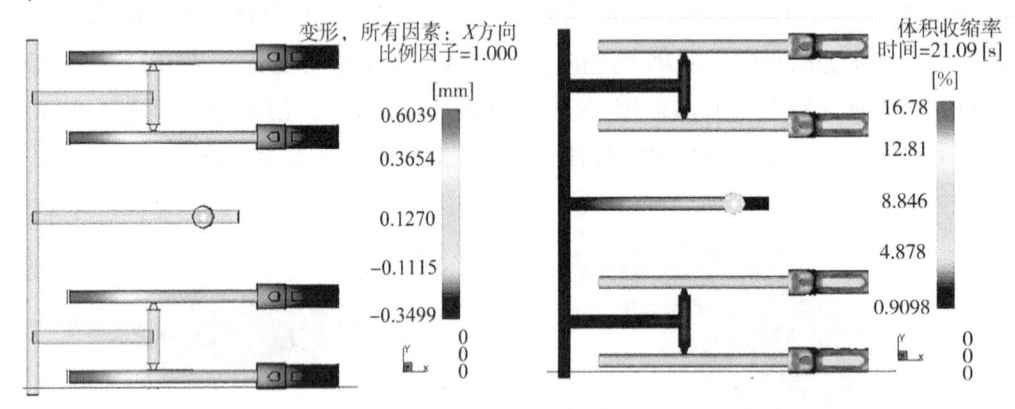

图 4-8　$R2$ 最优时工艺参数组合的目标值 $R1$、$R2$

4.3.3.3　多目标响应优化

在多目标优化的问题中，要想同时满足所有指标的最优方案是不现实的，但是可以通过折中的方法获得最优解，通过拟合得到各个目标响应与设计变量之间的响应面函数，由于此为两目标优化问题，因此可将两个目标的权值取为相等，从而转化为单目标优化问题。通过权重综合的优化方案为：$A3$(模具温度 50 ℃)、B(熔体温度 228.80 ℃)、$C3$(保压压力 34 MPa)、$D1$(保压时间 7 s)。优化后的响应面图如图 4-9 所示。模具温度、熔体温度的响应，熔体温度、保压时间的响应和熔体温度、保压压力的响应为马鞍面，最优的试验方案为熔体温度取中间值，模具温度和保压压力取较高值，保压时间取较低值。综合优化后的目标值 $R1$、$R2$ 如图 4-10 所示。与单目标优化的结果对比可知，多目标响应优化的综合性能得到了提高。

第4章 Taguchi-RSM-CAE的集成在细长杆注塑成型工艺参数优化中的应用

(a) 模具温度、熔体温度的响应

(b) 模具温度、保压压力的响应

(c) 模具温度、保压时间的响应

(d) 熔体温度、保压时间的响应

(e) 熔体温度、保压压力的响应

(f) 保压压力、保压时间的响应

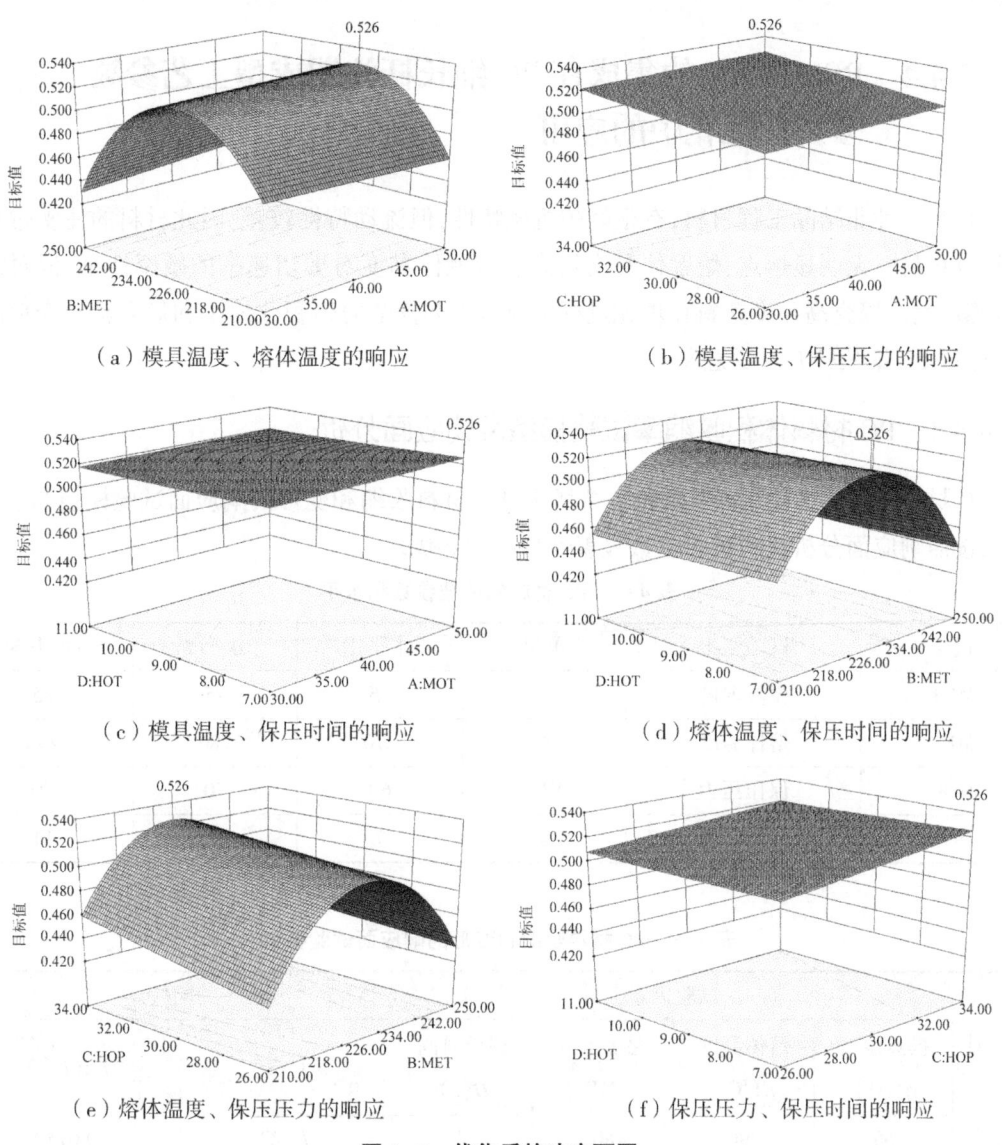

图4-9 优化后的响应面图

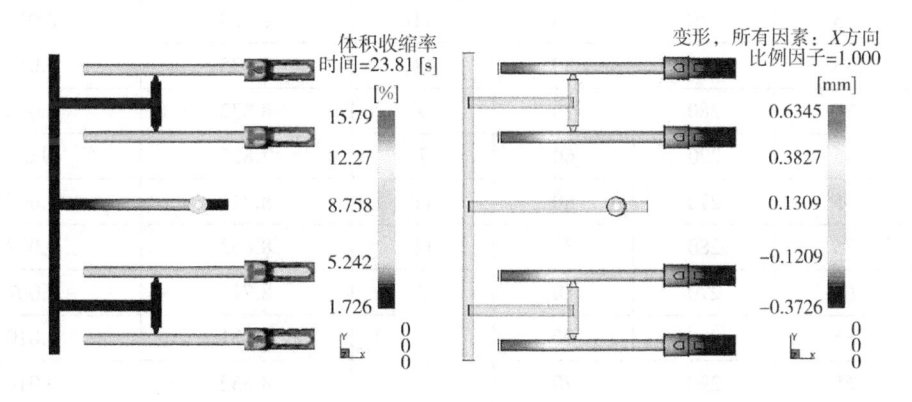

图4-10 综合优化后的目标值 $R1$、$R2$

4.4 RSM-CAE 的集成在 PC 细长杆注塑成型工艺参数多目标优化中的应用

PC 是一种非结晶工程材料，有很好的机械特性，但流动特性较差，因此材料的注塑过程较困难。PC 材料无明显熔点，熔融体黏度较高。熔融体黏度对剪切速率的敏感性小，但对温度的敏感性大。探究高黏度塑料在填充过程中成型工艺参数对体积收缩率和最大轴向变形的影响规律对 PC 细长杆有重要意义。

4.4.1 PC 材料体积收缩率试验模型及响应面分析

PC 材料的注塑参数和水平如表 4-7 所示，PC 材料收缩和变形的响应面试验模型如表 4-8 所示，按照响应面分析流程进行参数显著性分析和寻优。

表 4-7 PC 材料的注塑参数和水平

代号	试验因素	单位	水平 1	水平 2	水平 3
MOT	模具温度	℃	65	75	85
MET	熔体温度	℃	270	280	290
HOP	保压压力	MPa	60	70	80
HOT	保压时间	s	7	9	11

表 4-8 PC 材料收缩和变形的响应面试验模型

试验号	试验因素				响应	
	模具温度 $A(℃)$	熔体温度 $B(℃)$	保压压力 $C(MPa)$	保压时间 $D(s)$	$R1(\%)$	$R2(mm)$
1	65	290	80	7	7.823	0.0149
2	65	290	70	13	8.332	0.0103
3	75	280	60	11	7.823	0.0147
4	85	270	80	11	7.825	0.0148
5	75	280	70	9	8.332	0.0101
6	85	270	60	7	7.825	0.014
7	65	270	80	11	8.711	0.0071
8	75	280	80	11	8.852	0.0077
9	65	270	80	7	8.711	0.0071
10	85	290	90	9	8.331	0.0107
11	65	290	70	9	8.332	0.0101

续表

试验号	试验因素				响应	
	模具温度 $A(℃)$	熔体温度 $B(℃)$	保压压力 $C(MPa)$	保压时间 $D(s)$	$R1(\%)$	$R2(mm)$
12	85	290	70	9	8.331	0.0101
13	75	280	70	9	8.323	0.0112
14	75	280	60	11	8.852	0.0072
15	85	290	60	7	8.711	0.0063
16	55	280	60	7	7.823	0.0142
17	65	290	60	11	7.825	0.0144
18	85	290	60	11	8.711	0.0066
19	85	270	80	7	7.825	0.0146
20	65	270	70	9	8.332	0.0101
21	85	290	70	9	8.331	0.0101
22	65	270	70	9	8.332	0.0101
23	75	280	70	9	9.311	0.0066
24	75	260	80	11	7.823	0.0151
25	75	280	70	9	8.247	0.0095
26	75	300	50	9	8.332	0.0095
27	85	270	70	5	8.332	0.0097
28	95	280	80	7	7.823	0.0149
29	75	280	70	13	8.332	0.0103
30	75	280	60	11	7.823	0.0147

对于黏度较大的 PC 材料,描绘体积收缩率 $R1$ 的二次响应面的模型方程如下

$$R1 = 5.796\,58 - 0.011\,242 \times A - 0.026\,863 \times B - 4.057\,52 \times 10^{-4} \times C$$
$$- 1.247\,49 \times 10^{-3} \times D + 3.299\,50 \times 10^{-5} \times A \times B + 1.842\,60 \times 10^{-18} \times A \times C$$
$$+ 9.698\,19 \times 10^{-18} \times A \times D + 1.522\,76 \times 10^{-18} \times B \times C + 9.793\,06 \times 10^{-18} \times B \times D$$
$$+ 8.399\,86 \times 10^{-18} \times C \times D + 1.532\,79 \times 10^{-5} \times A^2 + 3.432\,13 \times 10^{-5} \times B^2$$
$$+ 2.904\,53 \times 10^{-6} \times C^2 + 6.930\,47 \times 10^{-5} \times D^2$$

为获得最优的 $R1$ 值,通过响应面模型获得的最优工艺参数组合为 $[A3,B3,C2,D1]$,即 $A3$(模具温度 85 ℃)、$B3$(熔体温度 290 ℃)、$C2$(保压压力 80 MPa)、$D1$(保压时间 7 s),预测值 $R1$ 为 7.821%。

如表 4-9 所示为 PC 材料 $R1$ 的回归模型拟合检验。其中,复相关系数和修正的复相关系数为 0.9994、0.9989,表明模型的有效性;调整 R^2 为 0.9967,说明模型可以解释 99.67% 的试验所

得体积收缩率;变异系数为0.18%,说明模型能很好地反映真实的试验值,即试验的可靠性较高;模型信噪比测量的是信噪比,比值大于4是可取的,比值186.224意味着充分的信号。这个模型可以用来驾驭设计空间。

表4-9 PC材料R1的回归模型拟合检验

模型	拟合值	模型	拟合值
标准差	1.570E-003	复相关系数	0.9994
均值	0.89	修正的复相关系数	0.9989
变异系数	0.18%	调整R^2	0.9967
误差平方和	2.129E-004	模型信噪比	186.224

从如表4-10所示的$R1$线性响应模型的方差分析中可以看出,PC材料体积收缩率的二次响应面模型非线性行为比PP材料明显,模型F值为1879.37意味着该模型是显著的,由于噪声的影响,F值的变化仅为0.01%。模型大于F值的概率$P<0.0001$,表明模型对体积收缩率$R1$的响应值的影响非常显著,可信度较高;在模型中,各单一因素A、B对体积收缩率的响应值$R1$的影响非常显著($P<0.0001$);模型的二次项A^2、B^2对体积收缩率的曲面效应非常显著($P<0.0001$);对体积收缩率$R1$的响应值的交互影响中,A和B的交互项AB较显著,而其他两两交互项均不够显著;模型失拟误差为0.000 369,表明模型符合实际情况,可以用此模型进行PC材料体积收缩率的优化和预测。

表4-10 $R1$线性响应模型的方差分析

方差来源	偏差平方和	自由度	平均偏差平方和	F值	P值 Prob>F	显著性
模型	0.065	14	4.632E-003	**1879.37**	**<0.0001**	*
A	2.100E-004	1	2.100E-004	**85.19**	**<0.0001**	*
B	0.064	1	0.064	**26 009.45**	**<0.0001**	*
C	1.868E-009	1	1.868E-009	7.580E-004	0.9784	—
D	0.000	1	0.000	0.000	1.0000	—
AB	1.742E-004	1	1.742E-004	**70.68**	**<0.0001**	*
AC	0.000	1	0.000	0.000	1.0000	—
AD	0.000	1	0.000	0.000	1.0000	—
BC	0.000	1	0.000	0.000	1.0000	—
BD	0.000	1	0.000	0.000	1.0000	—
CD	0.000	1	0.000	0.000	1.0000	—
A^2	6.444E-005	1	6.444E-005	26.15	0.0001	—
B^2	3.231E-004	1	3.231E-004	131.10	**<0.0001**	*
C^2	2.314E-006	1	2.314E-006	0.94	0.3479	—
D^2	2.108E-006	1	2.108E-006	0.86	0.3697	—

第4章 Taguchi-RSM-CAE的集成在细长杆注塑成型工艺参数优化中的应用

续表

方差来源	偏差平方和	自由度	平均偏差平方和	F值	P值 Prob>F	显著性
残差	3.697E-005	15	2.465E-006	—	—	—
失拟误差	3.697E-005	10	3.697E-006	—	—	—
纯误差	0.000	5	0.000	—	—	—
离差平方和	0.065	29	4.632E-003	—	—	—

根据表4-10的方差分析,模具温度、熔体温度对体积收缩率$R1$的响应值的影响非常显著,剔除不显著的影响因素,$R1$的回归方程为

$$R1 = 5.71774 - 0.011136 \times A + 0.026465 \times B + 3.29950 \times 10^{-5} \times A \times B + 1.46183 \times A^2 + 3.36117 \times 10^{-5} \times B^2$$

基于模型公式创建了PC材料细长杆测量响应的三维图,剔除不显著的影响因素C和D,试验因素A、B对$R1$的响应面图如图4-11所示。从图中可以看出,$R1$与试验因素A、B之间为非线性关系。$R1$随着熔体温度的升高而增大,随着模具温度的增加而减小。因此,要获得较小的$R1$值,理想的控制参数采用较低的熔体温度和较高的模具温度。

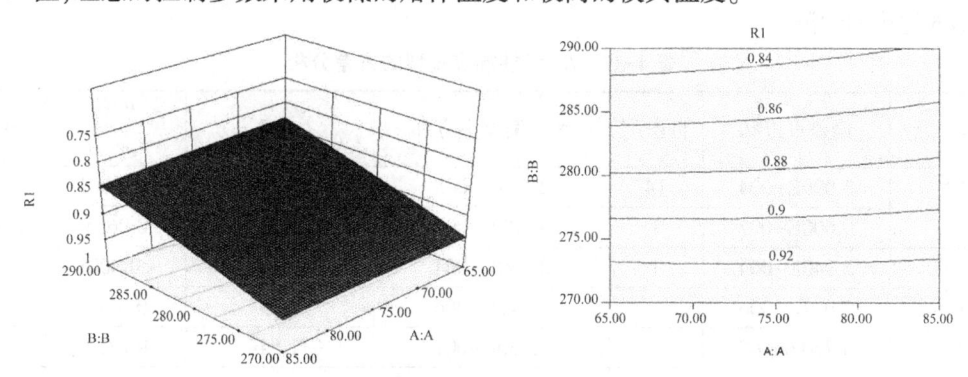

图4-11 试验因素A、B对$R1$的响应面图

4.4.2 PC材料最大轴向变形试验模型及响应面分析

描绘最大轴向变形$R2$的二次响应面的模型方程如下

$$R2 = 0.56183 + 4.83125 \times 10^{-4} \times A - 3.74625 \times 10^{-3} \times B - 3.95833 \times 10^{-5} \times C + 9.90625 \times 10^{-4} \times D - 2.25000 \times 10^{-6} \times A \times B + 1.25000 \times 10^{-7} \times A \times C + 6.25000 \times 10^{-7} \times A \times D + 2.50000 \times 10^{-7} \times B \times C - 2.50000 \times 10^{-6} \times B \times D - 3.12500 \times 10^{-6} \times C \times D + 7.50000 \times 10^{-7} \times A^2 + 6.37500 \times 10^{-6} \times B^2 + 1.25000 \times 10^{-7} \times C^2 - 3.12500 \times 10^{-6} \times D^2$$

为获得最优的$R2$值,通过响应面模型获得的最优工艺参数组合为$[A3, B3, C1, D1]$,即模具温度85 ℃、熔体温度290 ℃、保压压力60 MPa、保压时间7 s,预测值$R2$为0.0064 mm。

如表4-11所示为PC材料$R2$的回归模型拟合检验。其中,复相关系数和修正的复相关系

数为0.9884、0.9775,表明模型的有效性;调整R^2为0.9330,说明模型可以解释93.30%的试验所得体积收缩率;变异系数为4.62%,说明模型能很好地反映真实的试验值,即试验的可靠性较高;模型信噪比测量的是信噪比,比值大于4是可取的,比值40.146意味着充分的信号。这个模型可以用来驾驭设计空间。

表 4-11 PC 材料 $R2$ 的回归模型拟合检验

模型	拟合值	模型	拟合值
标准差	4.932E-004	复相关系数	0.9884
均值	0.011	修正的复相关系数	0.9775
变异系数	4.62%	调整 R^2	0.9330
误差平方和	2.101E-005	模型信噪比	40.146

从如表4-12所示的$R2$线性响应模型的方差分析中可以看出,模型F值为91.00意味着该模型是显著的,由于噪声的影响,F值的变化仅为0.01%。模型大于F值的概率$P<0.0001$,表明模型对最大轴向变形$R2$的响应值的影响非常显著,可信度较高;在模型中,各单一因素B、C对最大轴向变形$R2$的响应值的影响非常显著($P<0.0001$);模型的二次项B^2对最大轴向变形的曲面效应非常显著($P<0.0001$);对最大轴向变形$R2$的响应值的交互影响中,两两交互项均不够显著;模型失拟误差为0.000 313,表明模型符合实际情况,可以用此模型进行PC材料最大轴向变形的优化和预测。

表 4-12 $R2$ 线性响应模型的方差分析

方差来源	偏差平方和	自由度	平均偏差平方和	F 值	P 值 Prob>F	显著性
模型	3.099E-004	14	2.213E-005	91.00	<0.0001	*
A	9.600E-007	1	9.600E-007	3.95	0.0655	—
B	2.940E-004	1	2.940E-004	1208.77	<0.0001	*
C	2.042E-006	1	2.042E-006	8.39	0.0111	*
D	3.750E-007	1	3.750E-007	1.54	0.2334	—
AB	8.100E-007	1	8.100E-007	3.33	0.0880	—
AC	2.500E-009	1	2.500E-009	0.010	0.9206	—
AD	2.500E-009	1	2.500E-009	0.010	0.9206	—
BC	1.000E-008	1	1.000E-008	0.041	0.8420	—
BD	4.000E-008	1	4.000E-008	0.16	0.6908	—
CD	6.250E-008	1	6.250E-008	0.26	0.6196	—
A^2	1.543E-007	1	1.543E-007	0.63	0.4382	—
B^2	1.115E-005	1	1.115E-005	45.83	<0.0001	*
C^2	4.286E-009	1	4.286E-009	0.018	0.8962	—
D^2	4.286E-009	1	4.286E-009	0.018	0.8962	—
残差	3.648E-006	15	2.432E-007	—	—	—
失拟误差	3.648E-006	10	3.648E-007	—	—	—
纯误差	0.000	5	0.000	—	—	—
离差平方和	3.135E-004	29	2.213E-005	—	—	—

第4章　Taguchi-RSM-CAE的集成在细长杆注塑成型工艺参数优化中的应用

根据表 4-12 的方差分析,熔体温度、保压压力对最大轴向变形 $R2$ 的响应值的影响非常显著,剔除不显著的影响因素,$R2$ 的回归方程为

$$R2 = 0.599\,39 - 3.873\,33 \times 10^{-3} \times B + 2.916\,67 \times 10^{-5} \times C + 6.291\,67 \times 10^{-6} \times B^2$$

基于模型公式创建了 PC 材料细长杆测量响应的三维图,两两变量对 $R2$ 的响应面图如图 4-12 所示。从图中可以看出,$R2$ 与 4 个因素之间近似为线性关系。$R2$ 随着熔体温度的升高而增大,随着模具温度、保压时间、保压压力的增加而减小。因此,要获得较小的 $R2$ 值,理想的控制参数采用较低的熔体温度和较高的模具温度、保压时间和保压压力。

(a) 模具温度、熔体温度的响应

(b) 模具温度、保压压力的响应

(c) 模具温度、保压时间的响应

(d) 熔体温度、保压时间的响应

(e) 熔体温度、保压压力的响应

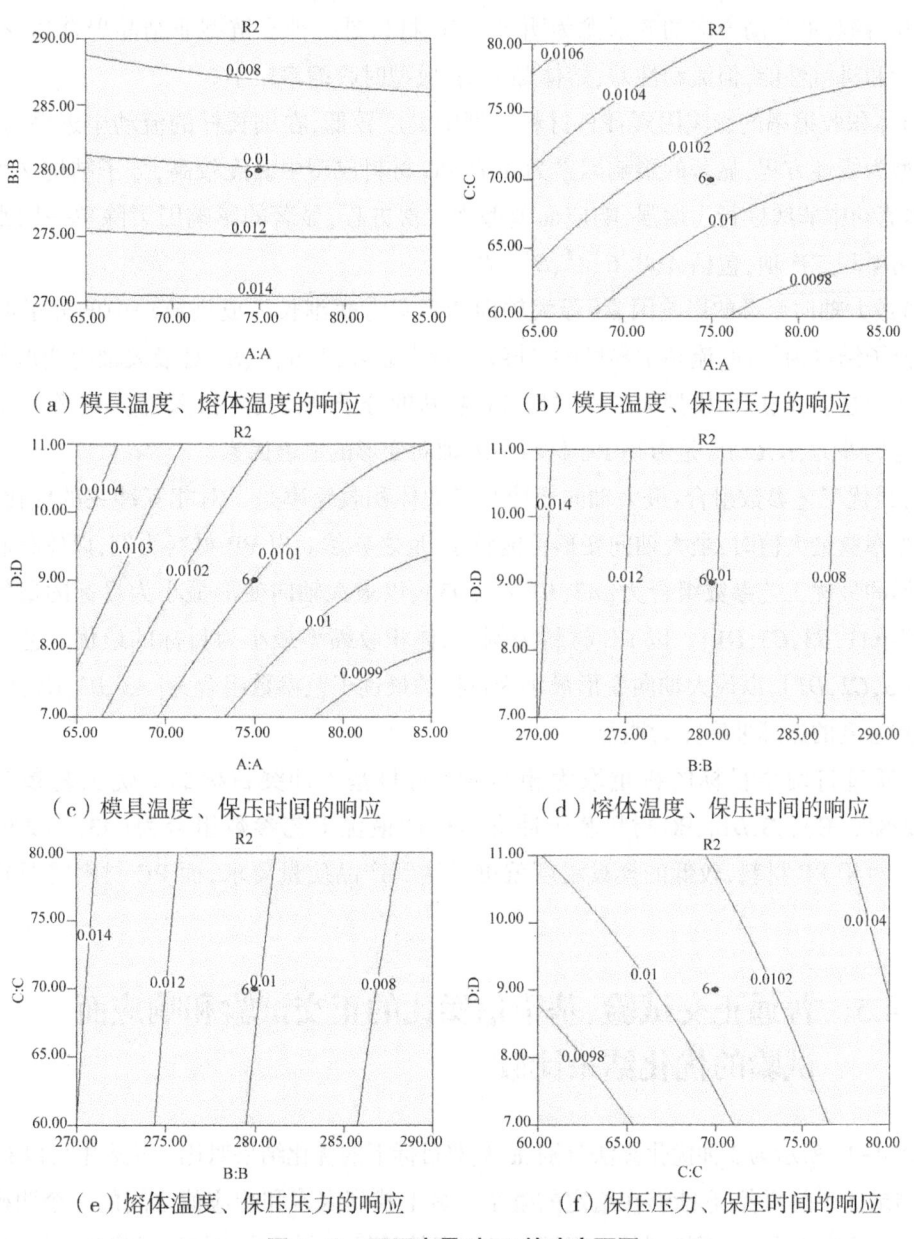

(f) 保压压力、保压时间的响应

图 4-12　两两变量对 $R2$ 的响应面图

将两个目标的权重取为相等,通过权重综合的优化方案为:A3(模具温度 85 ℃)、B(熔体温度 279.38 ℃)、C1(保压压力 60 MPa)、D1(保压时间 7 s),优化后的最大体积收缩率为 8.253 96%、最大轴向变形为 0.0097 mm。

4.4.3　PP 材料、PC 材料的成型工艺对收缩和变形的影响比较

(1)PP 材料为线性结晶型聚合物,在熔融温度下有较好的流动性,成型性能好,但在加工中熔体黏度随剪切速度的提高而明显下降,因分子取向程度高而呈现较大的收缩率,且熔体流动中容易解缠,沿流动方向的变形尤为明显。PC 材料是一种支链型非结晶聚合物,有很好的工程性能和机械性能,但流动性差,熔体黏度高,成型时收缩率较小。

(2)体积收缩率的影响因素:PP 材料成型中黏度较低,在细长杆的流动中近乎为线性,响应面模型为线性方程,显著的影响因素为 A、B;PC 材料成型中黏度较高,分子结构又为支链结构,熔体流动中非线性行为增强,响应面模型为二次方程,显著的影响因素除单一因素外还有交互作用项和二次项,包括 A、B、C、A^2、B^2、AB。

(3)最大轴向变形的影响因素:最大轴向变形只考察细长杆成型流动中的分子取向。PP 材料的分子结构为线性,流动中易解缠,非线性行为显著,A、B、C、B^2 对最大轴向变形的响应值的影响非常显著,响应面模型为二次方程;PC 材料的分子结构为支链型,流动中解缠缓慢而且需要一定的外力,B、C、B^2 是影响 PC 材料最大轴向变形的显著因素。

(4)最优工艺参数组合:最大轴向变形与最大体积收缩率是一对相互冲突的优化目标,当体积收缩率取最大值时,最大轴向变形可能较小;反之亦然。以 PP 材料为例,以体积收缩率最小为目标的最优工艺参数组合为[$A3,B1,C3,D3$],以最大轴向变形最小为目标的最优工艺参数组合为[$A1,B3,C3,D1$]。以 PC 材料为例,以体积收缩率最小为目标的最优工艺参数组合为[$A3,B3,C2,D1$],以最大轴向变形最小为目标的最优工艺参数组合为[$A3,B3,C1,D1$],显著因素模具温度的选择冲突尤为明显。

(5)通过将两个目标的权重取为相等,PP 材料基于冲突目标的最优工艺参数组合为[$A3,B(228.80\ ℃),C3,D1$];PC 材料基于冲突目标的最优工艺参数组合为[$A3,B(279.38\ ℃),C1,D1$]。对于 PP 材料,较低的模具温度就可以达到产品质量要求,而 PC 材料需要较高的模具温度。

▶ 4.5　普通正交试验、基于信噪比的正交试验和响应面试验的优化结果比较

如表 4-13 所示为 3 种优化算法分别在单、双目标下的优化结果对比。从表中可以看出,RSM 的优化结果优于前两者,它能够在给定的整个区域上找到因素和响应值之间的一个明确的函数表达式——回归方程,从而找到整个区域上各因素的最优组合和响应值的最优值,并可以清楚地研究各因素之间的交互作用,而且精度高、周期短,为生产工艺的优化提供了一种有效的指导。

表 4-13 普通正交试验、基于信噪比的正交试验和响应面试验的优化结果对比

目标	组合	最大体积收缩率(%)	最大轴向变形(mm)	Y 向变形值(mm)
min($R1$)	1[70,210,30,9]	15	0.6662	0.0591
	2[30,230,34,9]	16.32	0.6271	0.0639
	3[70,210,34,11]	14.85	0.6615	0.0591
min($R2$)	1[30,250,30,7]	17.43	0.6028	0.0597
	2[30,230,34,7]	16.32	0.6260	0.0641
	3[30,230,34,7]	16.32	0.6260	0.0641
min($R1,R2$)	1[50,230,34,8]	16.29	0.6363	0.0585
	2[30,230,34,7]	16.32	0.6260	0.0641
	3[50,230,34,7]	15.79	0.6345	0.0619

注:1 为基于信噪比的正交试验;2 为普通正交试验;3 为响应面试验。

4.6 小结

RSM 作为一种优化算法,它考虑了试验随机误差,而传统优化算法是不考虑试验随机误差的。同时,RSM 将复杂的、未知的函数关系在小区域内用简单的一次或二次多项式模型来拟合,计算比较简便。

本章系统介绍了 RSM 在细长杆的注塑成型工艺优化过程中的应用,以模具温度、熔体温度、保压时间、保压压力为变量,体积收缩率和最大轴向变形为目标,选用两种黏度不同的材料 PP、PC,对比分析了单、双目标优化在注塑成型工艺参数组合上的差异。

对于低黏度线性结晶型聚合物 PP,实践证明:熔体温度低时其分子取向明显,尤其在低温高压时更甚,因此,在注塑成型工艺中宜选用较高的熔体温度,以增加流动性,降低最大轴向变形。另外,PP 材料在结晶和冷却过程中会放出较多热量,所以模具温度不宜过高。PP 材料在成型中体积收缩率较大,若保压时间过长,则制件会产生较大的收缩而出现质量缺陷,因此在保证补充熔体固化收缩用料的基础上,应尽量缩短保压时间,通过 RSM 和模流分析的结果与实践是一致的。

对于高黏度支链型非结晶聚合物 PC,因其流动性较差,温度的变化对流动性影响较大,冷却速度较快,而且非牛顿性不明显,增大注射压力后黏度下降不明显,但提高温度后黏度却下降明显,因此建议选用较高的模具温度和熔体温度。PC 材料在成型中体积收缩率较小,保压压力和保压时间的影响不大,这一点与实践也是一致的。

与普通正交试验、Taguchi 正交试验相比,RSM 试验次数少、周期短,求得的回归方程精度高且能研究多种因素间的交互作用。中心组合试验设计方法较为常用,适用于多因素多水平试验,有连续变量存在,非常适用于注塑成型加工工艺方案的优化。

第5章
遗传算法和神经网络的集成在细长杆注塑指标精度预测研究中的应用

5.1 引言

细长杆注塑成型产品的尺寸误差、翘曲变形是描述成型质量的重要指标,确定尺寸误差、翘曲变形后即可确定零件的质量和精度,进而可以确定合理的成型工艺参数,如模具温度、熔体温度、保压时间和保压压力等。所以,实现了尺寸误差、翘曲变形的预测即可基于预测实现工艺参数优化,具体思路是:依据其他优化算法所得的初始工艺参数,通过一定的算法预测其尺寸误差和翘曲变形,不断调整工艺参数,直至达到较高的精度。

运用数值模拟技术不仅可以模拟细长杆产品成型的动态过程,而且可以发现充模过程中可能出现的各种缺陷,如短射、气泡和填充不平衡,还可以通过变形分析来预测变形。但对于稍微复杂的产品,或者运算网格的划分稍微精密时,就需要大量的计算资源和时间,甚至远远超过试模的时间。而人工神经网络可以根据已知的试验数据进行学习,然后得到特定的规律,进而得到训练好的神经网络,利用该网络可以迅速地对输入的工艺参数进行收缩和变形的预测。BP 神经网络是一种按误差逆传播算法(Error Backpropagation Algorithm,BP 算法)训练的多层前馈网络,是目前应用最广泛的神经网络模型之一,缺点是其训练需要一定的时间。

单一的神经网络(如 BP 神经网络)在注塑加工和其他机械应用方面,相关学者进行了有益的探索。但在实际工程应用中也反映出自身的缺陷,主要有以下 4 个方面。

(1)容易陷入局部最优解。BP 神经网络在训练过程中,由于误差曲线上局部极小值的存在,容易使训练过程因输出误差陷入局部最优解而停止。BP 神经网络基于误差梯度下降的方法调整权值是局部最优解存在的根本原因。

(2)训练过程迭代次数多,收敛速度慢,学习速率低。BP 神经网络的训练过程是按照误差梯度下降法调整权值的,一旦训练误差进入平坦区,误差梯度的减小就会导致权值调整力度减弱,造成训练过程迭代次数增加,收敛速度降低。

(3)在 BP 神经网络建模过程中,为保证逼近样本性质,必须适当地选择隐含层神经元数,以降低网络误差,提高精度,但最优隐含层神经元数没有定论。

(4)网络的初始权值和阈值是随机产生的,缺乏选择依据。BP 神经网络连接权值和阈值的整体分布决定着数据拟合的效果,而传统的权值和阈值获取方法都是随机给定一组初始权值,然后采用 BP 算法,在训练中逐步调整,最终才得到一个较好的权值分布。

单一的遗传算法(Genetic Algorithm,GA)在注塑工艺优化中的应用,有关学者也进行了一些探索。GA 作为一种新型的全局优化搜索算法,因为其直接对结构对象进行操作,不存在求导和函数连续性的限定,所以稳健性较强。

将 GA 应用于 BP 神经网络的学习过程中,可以避免传统的 BP 算法容易陷入局部最优解的问题出现,并且由于适应度函数无须可导,因此基于 GA 的 BP 算法适应的神经元激活函数类型更广,同时可以提高 BP 算法的训练速度,降低收敛时间。而把 GA 与 BP 神经网络和数值模拟技术集成,应用在注塑成型工艺优化上,可以克服神经网络难以收敛的困难,加快学习速率,提高神经网络的预测准确度。

本章运用 GA 优化 BP 神经网络的初始权值和阈值,基于遗传算法与神经网络和数值模拟的集成建立了细长杆注塑成型产品工艺参数与最大轴向变形之间的预测模型,以模具温度、熔体温度、保压时间和保压压力作为输入,以最大轴向变形作为输出,预测了成型工艺参数对细长杆轴向变形单一目标的影响,最后利用遗传算法进行二次优化,并和响应面回归模型的预测精度进行了对比,旨在分析比较两种方法在注塑成型产品质量预测上的精确度和模型的有效性与可行性,为注塑产品质量预测确定了可靠的方法和途径。

5.2 人工神经网络介绍

人工神经网络是在对人脑神经网络基本认识的基础上,以数理的方式、从信息处理的方面考虑,将人脑神经网络高度抽象处理,来创建的一种简化的数学模型[101]。

近年来,人工神经网络的以下 5 个突出的优点使它引起了人们的极大关注[102]。

(1)可以充分逼近任意复杂的非线性关系,运用人工神经网络能够完成多变量之间不同的非线性映射。例如,设人工神经网络具备 n 个输入,m 个输出,那么它能够将 n 维欧几里得空间映射到 m 维欧几里得空间。

(2)所有定量或定性的信息都等势分布储存于网络内的各神经元中,故其有很强的稳健性和容错性。当某个局部的神经元发生故障时,人工神经网络能够先使用没有发生故障的神经元处理,然后完成正确的输出。与此类似,当输入量遭到一些噪声污染的情况下,人工神经网络也可以较为准确地输出。

(3)采用并行分布处理方法,使得快速进行大量运算成为可能。输入人工神经网络中的信息并用并行的方法存储,不同的神经元以自己特定的规则独立运行,同时还可以一起配合,如此方法可以让人工神经网络能够迅速、有效地解决各种问题。例如,寻找一个复杂问题的最优解,往往需要很大的运算量,而利用一个针对该问题设计的反馈型人工神经网络,发挥计算机的高速运算能力,则可能很快找到最优解。

(4)可学习和自适应不知道或不确定的系统。

(5)能够同时处理定量、定性的知识。

神经网络越来越受到人们的关注,因为它为解决高复杂度的问题提供了一种相对有效的简单方法。神经网络可以很容易地解决具有上百个参数的问题(当然实际问题中存在的神经网络要比程序模拟的神经网络复杂得多),常用于分类和回归两类问题。

5.2.1 人工神经网络原理

人工神经网络用神经元的数学模型作基础来定义,依据网络拓扑、节点特点和学习规则来表示。人工神经网络根本的构建部分是神经元,数学中的神经元与生物学中的神经细胞是相对应的。也就是说,人工神经网络理论是以神经元这种抽象的数学模型来说明客观世界里的生物细胞的。依据神经元的特点和功能可知,神经元是一种多因素输入和单目标输出的运算模型,而且它对信息的处理是非线性的。人工神经网络的人工神经元模型如图 5-1 所示。

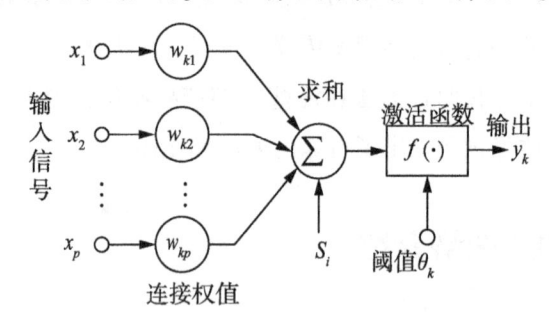

图 5-1 人工神经网络的人工神经元模型

图 5-1 中,$x_1, x_2, \cdots, x_p$ 表示输入信号;$w_{k1}, w_{k2}, \cdots, w_{kp}$ 表示神经元 k 的权值;θ_k 表示阈值;$f(\cdot)$ 为激活函数;y_k 表示神经元 k 的输出;S_i 表示外部输入的控制信号。

神经元的输入和输出的关系式可以表示为

$$\left.\begin{array}{l} u_k = \sum w_{kp} x_p + S_i - \theta_k \\ y = f(u) \end{array}\right\} \quad (5-1)$$

式中,u_k 为线性组合结果。

在诸多类型的神经网络中,最常用的是前向传播型神经网络和相互反馈型神经网络。前向传播型神经网络由输入层、中间层(也称为隐含层)和输出层构成,中间层具备若干层,每一层的神经元仅接收前一层神经元的输出。而相互反馈型神经网络中的任意两个神经元之间都有可能连接,输入信号必须在神经元之间反复地交替传输,该过程自某一个初始状态开始,通过数次的转变,逐渐趋于一种平稳的状态,也可能会进入周期振荡等其他状态。

5.2.2 BP 神经网络

BP 神经网络通常是指采用误差逆传播算法(BP 算法)进行训练的多层前馈神经网络,BP 算法的学习过程由信息的正向传播和误差的反向传播两个过程组成。BP 神经网络是一种对非线性可微分函数进行权值训练的多层网络,是目前大量采用的一种人工神经网络。80%～90%的人工神经网络采用的是 BP 神经网络或它的变化形式,其体现了人工神经网络最精华的部分。

5.2.2.1 BP 神经网络算法流程

BP 神经网络包括输入层中、隐含层和输出层,其模型结构如图 5-2 所示。

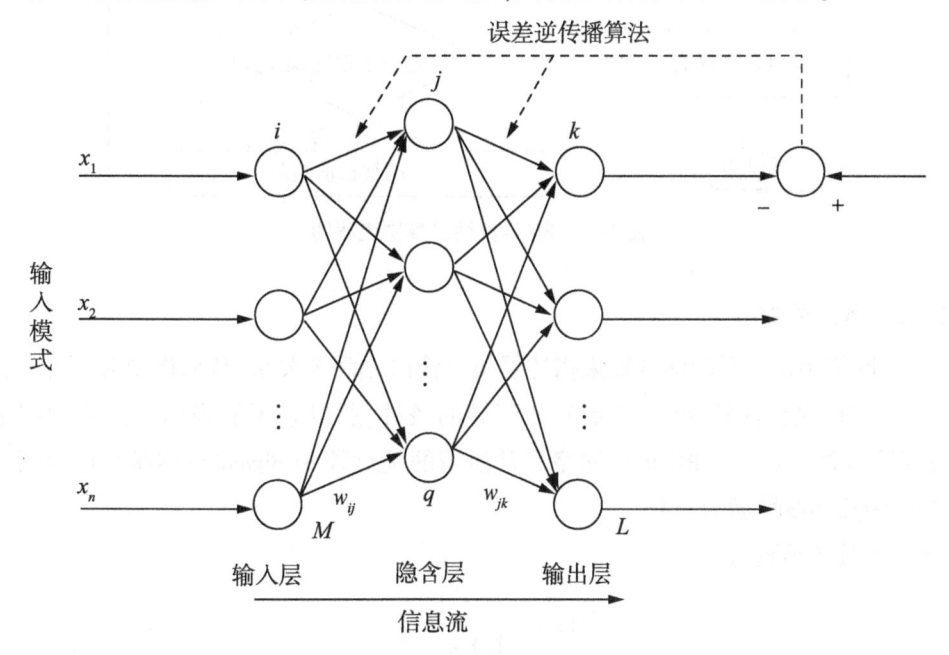

图 5-2 BP 神经网络模型结构

(1)输入层中各神经元负责接收来自外界的输入信息,并传递给隐含层中的各神经元。

(2)隐含层是内部信息处理层,隐含层中的各神经元负责信息变换。根据信息变化能力的需求,隐含层可以设计为单隐含层或多隐含层结构。

(3)输出层中各神经元负责接收由最后一个隐含层传递的各神经元信息,并经进一步处理后,完成一次学习的正向传播处理过程。由输出层向外界输出信息处理结果。

当实际输出与期望输出不符时,进入误差的反向传播阶段,即误差通过输出层,按误差梯度下降法修正各层权值,向隐含层、输入层逐层反传。

周而复始的信息正向传播和误差反向传播过程,既是各层权值不断调整的过程,也是神经网络学习训练的过程,此过程一直进行到网络输出的误差减小到可以接受的程度,或者达到预先设定的学习次数为止[103]。BP 神经网络算法流程图如图 5-3 所示。

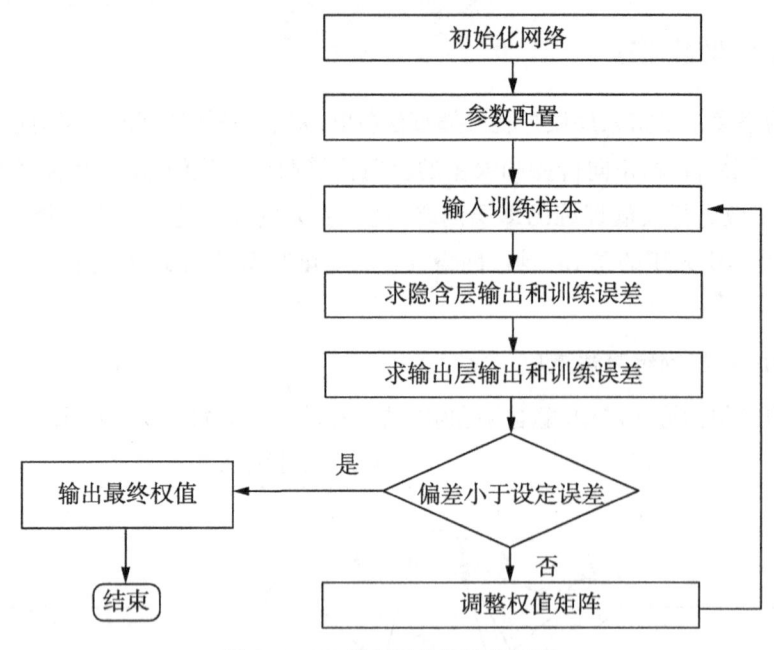

图 5-3 BP 神经网络算法流程图

5.2.2.2 激活函数

BP 神经网络利用一种激活函数来描述层与层输出之间的关系,从而模拟各层神经元之间的交互反应。由于激活函数必须满足处处可导的条件,所以它不能采用二值型的阈值函数 {0,1} 或符号函数 {-1,1}。BP 神经网络经常使用的是对数 S(Sigmoid) 型激活函数或双曲正切 S 型激活函数和线性激活函数。

对数 S 型激活函数为

$$f(x) = \frac{1}{1 + e^{-(n+bx)}}$$

双曲正切 S 型激活函数为

$$f(x) = \frac{1 - e^{-2(n+bx)}}{1 + e^{-2(n+bx)}}$$

$f(\cdot)$ 是一个连续可微的函数,其一阶导数存在。对于多层网络,这种激活函数所划分的区域不再是线性的,而是由一个非线性的超平面组成的区域。该区域是比较柔和、光滑的任意界面,因而它的分类比线性划分精确、合理,这种网络的容错性较好。由于激活函数是连续可微的,故它可以严格利用梯度法进行推算,它的权值修正的解析式十分明确,其算法被称为误差反向传播算法。

因为 S 型激活函数具有非线性放大系数功能,它可以把从负无穷大到正无穷大的输入信号,变换成-1 到 1 之间的输出值,对较大的输入信号,放大系数较小;而对较小的输入信号,放大系数则较大,所以采用 S 型激活函数可以处理和逼近非线性的输入、输出关系。不过,如果在输出层采用 S 型激活函数,输出则被限制到一个很小的范围,若采用线性激活函数,则可使网络输出任何值。所以,如果希望对网络的输出进行限制,如限制在 0 和 1 之间,那么在输出层应采用 S 型激活函数。一般情况下,在隐含层采用 S 型激活函数,而在输出层采用线性激活函数。

5.2.2.3 正向传播过程

(1) 选取输入的样本 (X,Y),各输入层单元的具体输入为 $X(x_1,x_2,\cdots,x_n)$。

(2) 隐含层单元受到的刺激为 $M_j = \sum\limits_{i=1}^{n} w_{ij} \cdot x_i + \theta_i$,响应为 $b_j = f(M_j)$。

(3) 输出层单元受到的刺激为 $Q_i = \sum\limits_{j=1}^{p} v_{ji} \cdot b_j + \gamma_j$,响应为 $c_i = f(Q_i)$。

5.2.2.4 反向传播过程

第 k 个样本的误差为

$$E_k = \frac{1}{2} \sum_{i=1}^{q} (Y_i^k - c_i^k)^2$$

对于 m 个样本,总的误差为

$$E = \sum_{k=1}^{m} E_k \tag{5-2}$$

v_{ji} 的变化对总误差 E 的影响用导数表示为

$$\frac{\partial E}{\partial v_{ji}} = \sum_{k=1}^{m} \frac{\partial E_k}{\partial c_i^k} \cdot \frac{\partial c_i^k}{\partial v_{ji}} \tag{5-3}$$

令 $Y_i^k - c_i^k = \delta^k$,得

$$\frac{\partial E}{\partial c_i^k} = -(Y_i^k - c_i^k) = -\delta^k$$

而

$$\frac{\partial c_i^k}{\partial v_{ji}} = f'(o_i^k) \cdot \frac{\partial o_i^k}{\partial v_{ji}} = f'(o_i^k) \cdot b_j$$

故

$$\frac{\partial E_k}{\partial v_{ji}} = -\delta^k \cdot f'(o_i^k) \cdot b_j$$

因此,权值 v_{ji} 的修正值可以表示为

$$\Delta v_{ji} = \alpha \left[\frac{\partial E}{\partial v_{ij}} \right] = -\alpha \sum_{k=1}^{m} [\delta^k \cdot f'(o_i^k) \cdot b_j], \, 0 < \alpha \leq 1 \tag{5-4}$$

同理,有

$$\Delta w_{ij} = -\beta \sum_{k=1}^{m} \left\{ \sum_{i=1}^{q} [\delta^k \cdot f'(o_i^k) \cdot v_{ji}] \cdot f'(o_i^k) \cdot b_j \right\}$$

$$\Delta \gamma_i = -\alpha \sum_{k=1}^{m} [\delta^k \cdot f'(o_i^k)]$$

$$\Delta \theta_j = -\beta \sum_{k=1}^{m} \left\{ \sum_{i=1}^{q} [\delta^k \cdot f'(o_i^k) \cdot v_{ji}] \cdot f'(M_i^k) \right\}, \, 1 < \beta \leq 1$$

令 $d_t^k = -\delta^k \cdot f'(o_t^k)$,则

$$e_j^k = -\sum_{t=1}^{q}[\delta^k \cdot f'(o_t^k) \cdot v_{jt}] \cdot f'(M_t^k) = -\sum_{t=1}^{q}[d_k^t \cdot v_{jt}] \cdot f'(M_t^k)$$

权值和阈值的迭代公式表示为

$$\left.\begin{aligned} v_{jt}(k_0+1) &= v_{jt}(k_0) + \alpha \sum_{k=1}^{m}(d_t^k \cdot b_j) \\ \gamma_t(k_0+1) &= \gamma_t(k_0) + \alpha \sum_{k=1}^{m} d_t^k \\ w_{ij}(k_0+1) &= w_{ij}(k_0) + \beta \sum_{k=1}^{m}(e_t^k \cdot x_j) \\ \theta_j(k_0+1) &= \theta_j(k_0) + \alpha \sum_{k=1}^{m} e_t^k \end{aligned}\right\} \quad (5-5)$$

式中,k_0 为迭代次数。

BP 算法的过程为先输入样本,通过上面的公式求出总误差 E,再修正权值和阈值,经过 N 次重复,即可求得理想的权值和阈值。在此过程中,收敛的条件为

$$E(N) = \varepsilon$$

式中,ε 为第 n 次的迭代误差。

5.2.3 BP 神经网络的设计和训练

在进行 BP 神经网络的设计和训练时,一般应从网络的层数、隐含层的神经元数和激活函数、初始值以及学习速率等方面进行考虑。

(1)样本数据的预处理。

初始样本点的复杂性和代表性直接影响所构建的神经网络模型的复杂性,因此,初始样本点的选取非常重要。初始样本点的选取受两个因素影响:一是长度,样本点的长度要适中,过长不但会影响计算速度,而且会导致拟合精度的下降;过短又无法覆盖整个样本空间的信息。二是代表性,初始样本点越具有代表性,网络训练完成后的泛化能力就越强。划分样本也是影响有效学习的重要因素,许多学者提出将样本划分为 3 部分,即训练样本(train set)、验证样本(validation set)、测试样本(test set)[104]。

(2)激活函数的选取。

BP 神经网络隐含层中的神经元通常采用 S 型激活函数,由于该类型激活函数存在饱和区,所以在使用 BP 算法进行网络训练时,需防止神经元的输出落入激活函数的饱和区内。为此,需对网络的输入样本进行预处理,使其输出值落在合适的范围内。预处理的方法有很多种,但无论采用哪种方法,都应该保证所建立的模型具有一定的泛化能力。另外,预处理的数据训练完成后,需要进行反变换,网络的输出结果才能为实际值。

(3) 网络的层数选取。

通常情况下,增加隐含层的数目,可以降低 BP 神经网络的误差,提高精度。但同时会使网络结构复杂化,增加网络出现"过拟合"的概率和网络权值的训练时间。理论证明:具有阈值和至少一个 S 型隐含层加上一个线性输出层的网络,能够逼近任何有理函数。增加网络的层数可以降低误差,提高精度,但同时会使网络复杂化,增加网络权值的训练时间[105]。因此,在应用 BP 神经网络时,应优先考虑 3 层 BP 神经网络,即一个隐含层。

(4) 隐含层的神经元数选取。

输入层和输出层的神经元数可以根据需要求解的问题和数据所表示的方式来确定。BP 神经网络设计的重点就在于隐含层神经元数。同网络的层数选取一样,隐含层神经元数的多少直接影响神经网络的性能。目前,对于 BP 神经网络隐含层数目以及隐含层神经元数的确定方法都没有充分的理论依据,大都是靠经验来确定的。下面介绍 5 种单隐含层神经元数的估算方法。

① $N = \sqrt{m+n} + a$;

② $N = \log_2 m$;

③ $N = \sqrt{0.43mn + 0.12n^2 + 2.54m + 0.77n + 0.35} + 0.51$;

④ $N = \sqrt{mn}$;

⑤ $N = \dfrac{p}{10m + 10n}$。

式中,N 为隐含层神经元数;m 为输入神经元数;n 为输出神经元数;a 的选取范围为 1~10;p 为训练样本数。

(5) 初始权值和阈值的选取。

采用标准 BP 算法训练 BP 神经网络的权值和阈值时,是从网络误差曲面上某点开始的,经过多次迭代,当误差达到最小值时结束。因此,初始权值和阈值的选取决定了 BP 神经网络的收敛方向。由此可得,合适的初始权值和阈值相当重要[106]。如果最初把初始权值和阈值确定得很大,则会使 BP 神经网络处在 S 型激活函数的饱和区,使训练有陷入局部最优解的可能。

(6) 学习速率。

学习速率决定每一次循环训练中所产生的权值变化量。大的学习速率可能导致系统的不稳定;小的学习速率可能导致较长的训练时间,BP 神经网络训练收敛很慢,但能保证网络的误差值跳出误差表面的低谷而最终趋于最小误差值。所以在一般情况下,倾向于选取较小的学习速率以保证系统的稳定性。学习速率的选取范围为 0.01~0.8。

(7) 期望误差的确定。

在 BP 神经网络的训练过程中,期望误差也应当通过前后对比训练确定一个合适的值。较小的期望误差值是要靠增加隐含层神经元数以及训练时间来获得的,一般情况下,作为对比,可以同时对两个不同期望误差值的网络进行训练,通过考虑综合因素来确定采用其中一个网络。

5.3 遗传算法介绍

5.3.1 遗传算法的基本原理

遗传算法是一种基于达尔文进化论思想的优化算法,该优化算法是对自然界生物群体进化过程中的繁殖、变异和自然选择等规律的模拟。将遗传算法用于实际问题的寻优过程如图 5-4 所示。该过程最初随机地产生一些点作为一个初始群体(即产生父代),这样随机产生的生物群体中的点就构成该问题的一些可能解,它们在逐代的进化过程中靠人工的方法来繁殖,在"适者生存,不适者淘汰"这一自然规律的支配下,这个初始群体经过若干代的繁殖之后,其"整体素质"都得到了提高。因为遗传算法的解空间是通过一组点而不是单一的点开始的,因此该算法更稳健、更有可能找到全局的最优点。

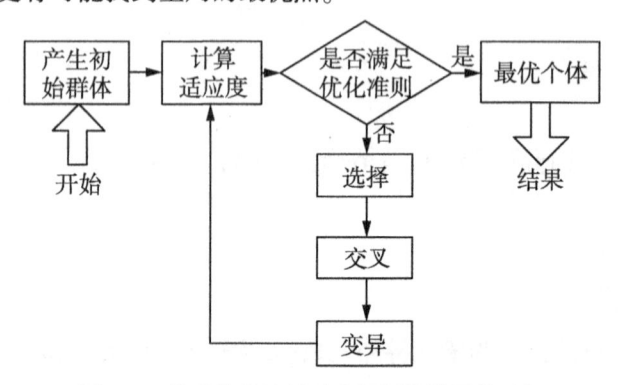

图 5-4 将遗传算法用于实际问题的寻优过程

遗传算法以一个群体中的所有个体为对象,并利用随机化技术指导对一个被编码的参数空间进行高效搜索。其中,参数编码、初始群体的设定、适应度函数的设计、遗传操作设计、控制参数设定 5 个要素构成了遗传算法的核心内容,选择、交叉和变异构成了遗传算法的遗传操作。

(1)参数编码:遗传算法在进行搜索之前先将解空间的解数据表示成遗传空间的基因型串结构数据,这些串结构数据的不同组合构成了不同的点。

(2)初始群体的设定:随机产生 N 个初始串结构数据,每个串结构数据称为一个个体,N 个个体构成一个群体。遗传算法以这 N 个串结构数据作为初始点开始迭代。

(3)适应度值评估检测:适应度值表明个体或解的优劣性。不同的问题,适应度函数的设定不同。

(4)选择:选择的目的是从当前群体中选出优良的个体,使它们有机会作为父代为下一代繁殖。遗传算法通过选择过程体现这一思想,进行选择的原则是适应性强的个体为下一代贡献一个或多个后代的概率大。选择体现了达尔文的适者生存原则。

(5)交叉:交叉操作是遗传算法中最主要的遗传操作。通过交叉操作可以得到新一代个体,新一代个体组合了其父辈个体的特性。

(6)变异:变异操作是指先在群体中随机选择一个个体,再对选中的个体以一定的概率随机地改变串结构数据中某个串的值。同生物界一样,遗传算法中变异发生的概率很低,通常取值 0.001~0.01,变异为新个体的产生提供了机会。

(7)收敛:若遗传算法正确执行,则群体将在持续繁殖中进化。在繁殖中具有最好适应度和平均适应度的个体将增加并趋向全局最优解。

5.3.2 遗传算法在神经网络中的应用

遗传算法在神经网络中的应用主要反映在 3 个方面:网络的学习、网络的结构设计和网络的分析。

(1)遗传算法在网络学习中的应用。

遗传算法可用于神经网络的学习,它主要包括两个方面内容:一是学习规则的优化,用遗传算法对神经网络学习规则实现自动优化,从而提高学习速率;二是网络权值系数的优化,用遗传算法的全局优化及隐含并行性的特点提高权值系数优化速度。

(2)遗传算法在网络结构设计中的应用。

用遗传算法设计一个完善的神经网络结构,先要解决网络结构的编码问题;然后才能以选择、交叉、变异操作得出最优结构。

(3)遗传算法在网络分析中的应用。

遗传算法可用于分析神经网络。神经网络具有分布存储等特点,一般难以由其拓扑结构直接理解其功能,但遗传算法可对神经网络进行功能分析、性质分析和状态分析。

5.3.3 基于遗传算法的神经网络训练

(1)神经网络的权值编码及描述。

神经网络的权值编码是指将所要构建的神经网络的所有权值作为一组染色体,依据权值的数目,对权值用相应维数的实数向量表示。传统的遗传算法采用二进制编码,在求解连续参数优化问题时,需要将连续的空间离散化,这个离散化过程由于存在一定的映射误差,不能直接反映所求问题本身的结构特征,所以直接采用实数编码。实数编码是连续参数优化问题直接的自然描述,不存在编码和解码的过程,可以提高运算的精度和计算速度,避免了编码带来的负面影响。

(2)参数设定以及适应度函数的选择。

网络的隐含层神经元数和输出层的激活函数取 S 型函数 $f(x) = \dfrac{1}{1+e^{-x}}$,根据遗传算法优化个体得到 BP 神经网络的初始权值和阈值,用训练数据训练 BP 神经网络后预测系统输出,把预测输出和期望输出之间的误差绝对值之和作为个体适应度函数,即

$$F = k(\sum_{i=1}^{n} |y_i - o_i|)$$

式中,n 为输出节点个数;y_i 为第 i 个节点的期望输出;o_i 为第 i 个节点的预测输出;k 为系数。

遗传算法采用基于适应度比例的选择策略,每个个体 i 的选择概率 P_i 为

$$P_i = \dfrac{f_i}{\sum_{i=1}^{N} f_i}$$

式中，$f_i = \dfrac{k}{F_i}$，F_i 为个体 i 的适应度值，由于其值越小越好，所以在个体选择前对 F_i 求倒数；k 为系数；N 为群体规模。

设定输入群体规模、交叉概率 P_c、变异概率 P_m、网络层数、每层的神经元数等参数，遗传算法对这些参数的设定有很好的稳健性，改变这些参数对结果不会有很大的影响。

在遗传算法中，交叉概率 P_c 表示在一次迭代中，两个个体进行交叉操作以生成新后代的概率。交叉控制着算法中遗传信息交换的程度，决定了群体多样性的保持。通常，P_c 的值为 0~1，如 0.7 或 0.8，这意味着大约 70%~80% 的个体会在每次迭代中参与交叉操作。若 P_c 的值设得过大，则可能会过度混合信息，导致早期收敛；若 P_c 的值设得过小，则可能导致进化速度慢，无法充分探索解决方案空间。

变异概率 P_m 表示在一次迭代中，单个个体的一个或多个基因发生变异的概率。变异是防止算法陷入局部最优的重要手段，它可以引入新的遗传信息，增加群体多样性。通常，P_m 的值也为 0~1，但比 P_c 更小，如 0.01 或 0.05，这样即使在后期也能保持一定的变异率。若 P_m 的值设得过大，则会导致过多的随机变异，失去原有信息；若 P_m 的值设得过小，则可能不足以引入新的变异，阻碍算法寻找更好的解决方案空间。

(3) 初始化。

随机产生初始群体 $P = \{x_1, x_2, \cdots, x_n\}$，任一 $x_i \in P$ 为一神经网络，它由一个权值向量组成。权值向量为 n 维实数向量，n 为所有连接权的个数。

(4) 计算适应度值。

根据随机产生的权值向量对应的神经网络，对给定的输入集和输出集计算出每个神经网络的全局误差，并根据适应度函数计算出对应的适应度值。误差越小的样本，适应度值越大，意味着染色体越好。

(5) 算子操作。

①选择算子：采用随机选择，从群体中任意选择一定数目的个体，将适应度最高的个体保存到下一代。反复执行这一过程，直到下一代的个体达到要求为止。

②交叉算子：前面设定了参数 P_c 作为交叉概率，表明群体中每次都有 $P_c \times N$ 个染色体进行交叉操作。交叉操作的父代采用随机产生的办法。交叉算子定义为

$$a = (1-c)a + cb, \quad b = (1-c)b + ca$$

式中，c 为 0~1 之间的一个随机数。

③变异算子：前面设定了参数 P_m 作为变异的概率，表明群体中每次都有 $P_m \times N$ 个染色体进行变异操作。对于选择好的每一个要变异的染色体，为了尽可能好地变异，可以进行多次变异，变异时先随机生成一个与染色体的各权值同维数的向量 d_1 作为变异方向，可由产生正态分布的随机数的函数随机产生，然后用父代染色体的权值对应的向量和 $m \times d_1$ 相加。

④保留算子：将每次产生的所有群体中最好的个体保留下来。

(6) 自适应控制。

随着进化的进行，适应度的差距减小，交叉算子的作用减小，变异算子的作用增大，因此要相应减小交叉概率，增大变异概率。可用如下公式对两个概率进行修正

第5章 遗传算法和神经网络的集成在细长杆注塑指标精度预测研究中的应用

$$P_c^{new} = P_c^{old} - e^{\left(-1+\frac{t}{1.5G}\right)}$$

$$P_m^{new} = P_m^{old} + e^{\left(-1+\frac{t}{1.5G}\right)}$$

式中,G 为总进化代数;t 为当前进化代数;P_c^{old}、P_m^{old} 分别为初始设定的交叉概率、变异概率;P_c^{new}、P_m^{new} 分别为修正后的交叉概率、变异概率。

(7)神经网络的二次训练。

将优化好的权值和阈值作为神经网络的权值和阈值,对神经网络进行二次训练,直到得到较优的结果为止。

5.4 GA-BP-Taguchi 的集成在 PP 细长杆体积收缩率精度预测研究中的应用

5.4.1 GA-BP 神经网络训练和预测精度检验

GA-BP 优化和预测算法流程分为 Taguchi 正交试验初步寻优、GA-BP 预测、GA 迭代寻优 3 个模块,如图 5-5 所示。首先,通过 Taguchi 正交试验的极差和方差分析获取最优工艺参数组合,同时进行 GA-BP 预测:根据输入、输出参数的个数确定 BP 网络结构,进而确定 GA 个体的长度;其次,使用 GA 优化 BP 神经网络的权值和阈值,群体中的每个个体都包含一个网络所有权值和阈值,通过适应度函数计算个体适应度值,由 GA 通过选择操作、交叉操作和变异操作找到最优适应度值的个体;然后进行 BP 神经网络预测:用 GA 所得最优个体对网络初始权值和阈值赋值,网络经训练后就可以预测函数输出;最后,用遗传算法对建立的 BP 神经网络进行全局寻优。

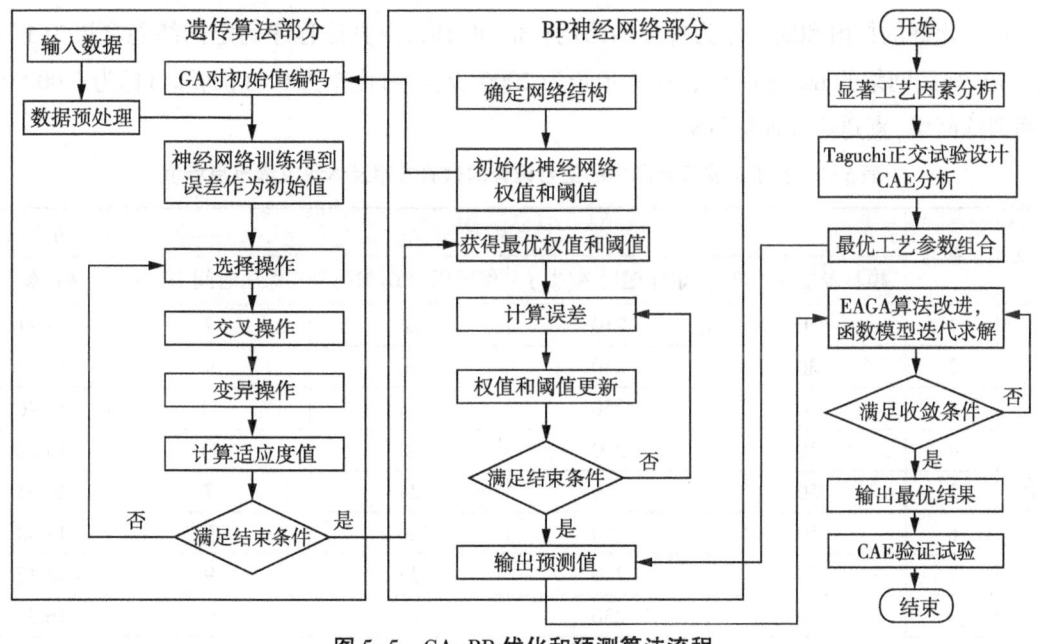

图 5-5 GA-BP 优化和预测算法流程

选择的 PP 材料注塑成型工艺参数范围如下。

(1) 模具温度：30~70 ℃。

(2) 熔体温度：210~250 ℃。

(3) 保压压力：26~34 MPa。

(4) 保压时间：7~11 s。

该 BP 神经网络有 4 个输入层神经元,分别为模具温度、熔体温度、保压压力和保压时间,1 个输出层神经元,代表体积收缩率。所以,在设置方差来源时,输入层有 4 个神经元,隐含层有 13 个神经元,输出层有 1 个神经元,共有 65 个权值,14 个阈值,所以遗传算法的编码长度为 79。BP 神经网络结构如图 5-6 所示。

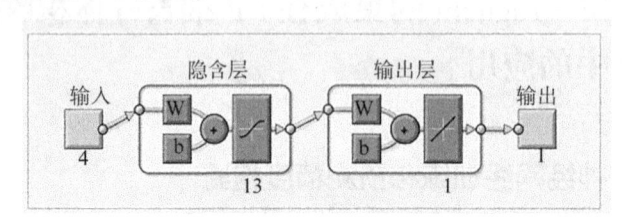

图 5-6 BP 神经网络结构

基于正交设计和中心组合设计共安排 39 组样本,这些数据在多维空间中均匀分布,有利于最优数据的搜寻。随机选取 30 组作为训练样本,剩下的 9 组作为测试样本。基于正交设计和中心组合设计的试验方案及体积收缩率目标值如表 5-1 所示。

设置进化代数为 20,交叉概率为 0.8,变异概率为 0.09,利用交叉、变异、选择等算子操作优化权值和阈值,达到遗传操作目标为止。

将优化好的权值和阈值作为神经网络的权值和阈值,由算法程序确定网络隐含层为 1 层,采用 BP 神经网络的 trainlm 算法,训练步长为 2000 步,学习速率为 0.01,训练目标为 0.000 01,精确训练网络,直到达到训练目标。

表 5-1 基于正交设计和中心组合设计的试验方案及体积收缩率目标值

方法	试验号	试验因素				响应
		模具温度 A(℃)	熔体温度 B(℃)	保压压力 C(MPa)	保压时间 D(s)	$R1$(%)
正交设计	1	30	210	26	7	15.21
	2	30	230	30	9	16.34
	3	30	250	34	11	17.46
	4	50	210	30	11	15.22
	5	50	230	34	7	16.35
	6	50	250	26	9	17.43
	7	70	210	34	9	15.15
	8	70	230	26	11	16.35
	9	70	250	30	7	17.34

续表

方法	试验号	试验因素				响应
		模具温度 A(℃)	熔体温度 B(℃)	保压压力 C(MPa)	保压时间 D(s)	$R1$(%)
中心组合设计	10	50	250	26	7	17.27
	11	50	250	34	7	17.27
	12	30	210	26	11	14.92
	13	40	230	30	9	16.05
	14	40	230	22	9	16.05
	15	50	250	34	11	17.27
	16	40	190	30	9	13.70
	17	40	270	30	9	18.37
	18	40	230	30	13	16.04
	19	30	250	34	7	17.31
	20	30	210	34	7	14.92
	21	50	210	26	7	14.79
	22	50	210	34	11	14.79
	23	30	250	26	11	17.31
	24	30	210	34	11	14.92
	25	50	210	34	7	14.79
	26	40	230	30	9	16.05
	27	40	230	30	5	16.05
	28	40	230	30	9	16.05
	29	60	230	30	9	16.00
	30	30	210	26	7	14.92
	31	40	230	30	9	16.05
	32	40	230	30	9	16.05
	33	50	250	26	11	17.27
	34	30	250	26	7	17.31
	35	40	230	38	9	16.04
	36	50	210	26	11	14.79
	37	30	250	34	11	17.31
	38	40	230	30	9	16.05
	39	20	230	30	9	16.09

运用上述内容进行 GA-BP 神经网络的训练,当适应度不再上升,或者迭代次数达到预设的进化代数时,算法终止,由上述数据得到遗传算法适应度曲线,如图 5-7 所示。从图中可以看出,适应度值已趋于平稳。把最优初始权值和阈值赋给 BP 神经网络,用训练数据训练 100 次后预测 9 组测试样本,神经网络预测均方值误差曲线如图 5-8 所示。神经网络预测值和试验值的比较如图 5-9 所示(图中符号"*"代表预测值,"+"代表试验值)。

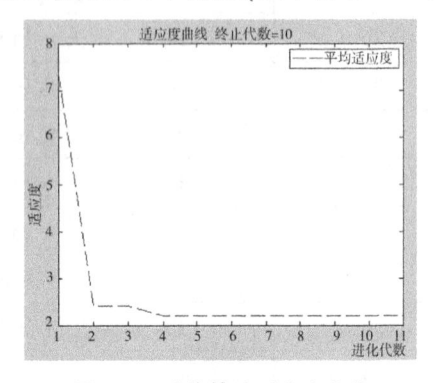

图 5-7 遗传算法适应度曲线

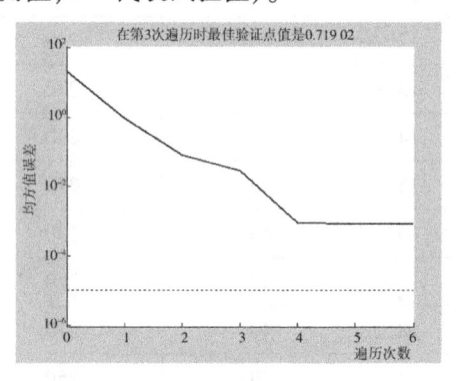

图 5-8 神经网络预测均方值误差曲线

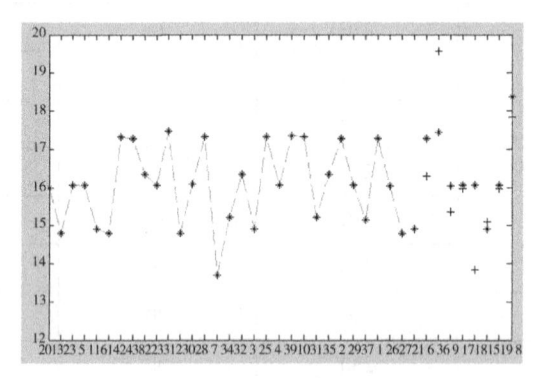

图 5-9 神经网络预测值和测试值的比较

随机选择几组参数,比较回归分析拟合误差和 GA-BP 神经网络预测精度,如表 5-2 所示。结果表明,GA-BP 神经网络预测精度较高,而用中心组合设计所建立的响应面回归方程得到的理论最优值与实际值之间误差波动相当大,表明建立 GA-BP 神经网络预测模型是可行的,这为注塑成型工艺预测提供了新的途径和方法。

表 5-2 回归分析拟合误差和 GA-BP 神经网络预测精度比较

水平	试验因素				回归分析拟合误差(%)	GA-BP 神经网络预测精度(%)
	模具温度 A(℃)	熔体温度 B(℃)	保压压力 C(MPa)	保压时间 D(s)		
21	50	210	26	7	1.35	0.76
6	50	250	26	9	5.9	4.2
36	50	210	26	11	2.0	5.4
9	70	250	30	7	1.56	3.12

续表

水平	试验因素				回归分析拟合误差(%)	GA-BP 神经网络预测精度(%)
	模具温度 A(℃)	熔体温度 B(℃)	保压压力 C(MPa)	保压时间 D(s)		
17	40	270	30	9	7.5	0.75
18	40	230	30	13	7.8	7.8
15	50	250	34	11	0.32	0.54
19	30	250	34	7	2.5	0.64
8	70	230	26	11	0.9	0.8

5.4.2 Taguchi 正交试验和 GA-BP 神经网络的结合寻优与预测

仍然选取在注塑过程中对体积收缩率有影响的 4 个工艺参数:模具温度(MOT)、熔体温度(MET)、保压压力(HOP)和保压时间(HOT)进行研究。各工艺参数的水平设置见表 3-1。

正交试验的结果和极差分析(见表 3-11)、体积收缩率的影响因素(见表 3-12)在第 3 章中已介绍过。根据极差和方差分析可以看出,熔体温度和模具温度的极差较大,所以熔体温度和模具温度这两个工艺参数对体积收缩率的影响较大。而其余两个因素的极差较小,说明其对体积收缩率的影响较小。从极差分析的结果来看,工艺参数对体积收缩率的影响程度由强到弱排列顺序为:熔体温度、模具温度、保压压力和保压时间。

从表 3-12 中可以看出,信噪比最大的工艺参数分别为 $A3$、$B1$、$C2$、$D2$,即 $[A3,B1,C2,D2]$ 为最优工艺参数组合,对应为模具温度 70 ℃、熔体温度 210 ℃、保压压力 30 MPa、保压时间 9 s。利用最优工艺参数组合模拟得到的体积收缩率为 15.15%,优化前后的体积收缩率比较如图 5-10 所示。利用训练好的 GA-BP 神经网络对 Taguchi 正交试验优化的工艺参数进行预测,预测值为 15.27%,误差仅为 0.76%,其比较如表 5-3 所示。预测值和试验值比较吻合,表明训练之后的神经网络已有很高的准确性,可以用于预测细长杆的体积收缩率。所以,利用 Taguchi 正交试验和 GA-BP 神经网络的集成对注塑制件的优化是一个有益的探索。

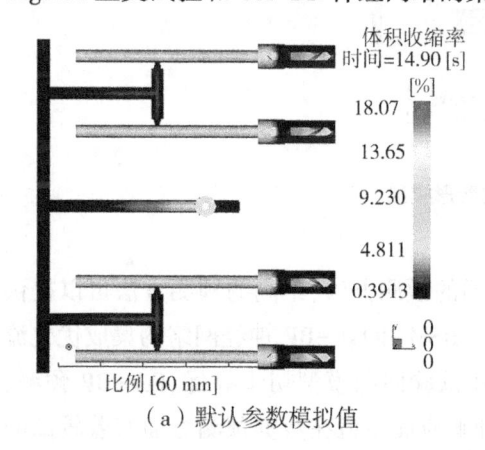

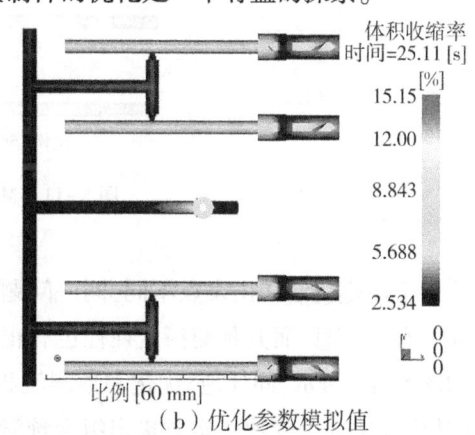

(a)默认参数模拟值 (b)优化参数模拟值

图 5-10 优化前后的体积收缩率比较

表 5-3 GA-BP 神经网络预测值和 Moldflow 模拟值的比较

最优工艺参数	Moldflow 模拟值 $[A3,B1,C2,D2]$	GA-BP 神经网络预测值 $[A3,B1,C2,D2]$	误差
体积收缩率	15.15%	15.27%	0.76%

► 5.5 GA-BP-RSM 的集成在 PC 细长杆最大轴向变形精度预测研究中的应用

5.5.1 GA-BP 神经网络训练和预测精度检验

选择的 PC(Trirex 3020)材料注塑成型工艺参数范围如下。
(1)模具温度:65~85 ℃。
(2)熔体温度:270~290 ℃。
(3)保压压力:60~90 MPa。
(4)保压时间:7~11 s。

以细长杆的最大轴向变形为研究对象,其 Moldflow 轴向变形模拟如图 5-11 所示,通过 CCD 试验设计来进行 GA-BP 神经网络的训练。

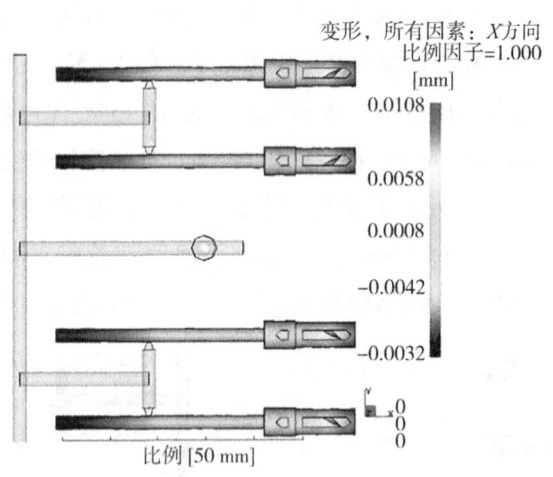

图 5-11 Moldflow 轴向变形模拟

由于建模机制和出发点不同,同一问题可以有不同的预测方法,不同的预测方法可以提供不同的有用信息,而其预测精度往往也有很大的差异。RSM 和 GA-BP 神经网络的集成优化流程如图 5-12 所示,同样地,优化和预测流程分为 RSM 试验回归模型初步寻优、GA-BP 预测、GA 迭代寻优 3 个模块。本章提出组合预测的思路,即响应面模型在数据预测方面有着较高的精度,将经过这种模型初步处理后的预测数据作为优化后的 GA-BP 神经网络的输入,构建出

第5章 遗传算法和神经网络的集成在细长杆注塑指标精度预测研究中的应用

基于组合模型的最大轴向变形的预测模型。

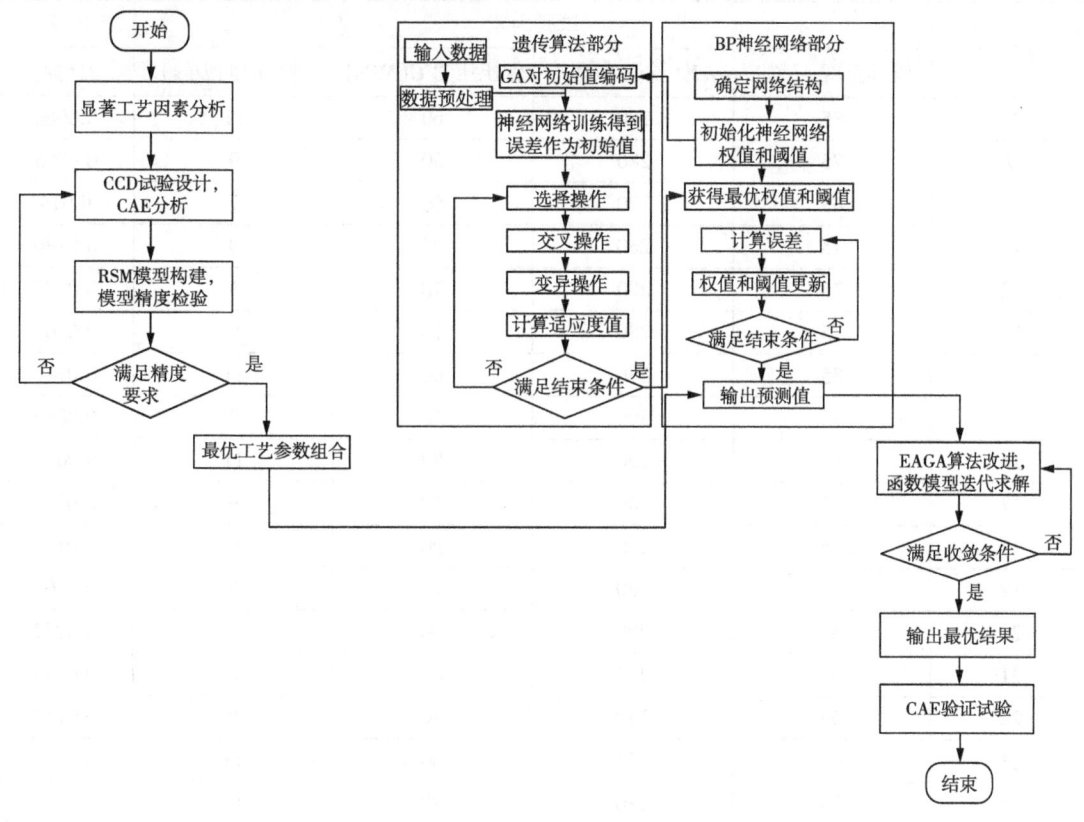

图 5-12　RSM 和 GA-BP 神经网络的集成优化流程

中心组合设计试验方案及最大轴向变形目标值如表 5-4 所示。运用上述相同内容进行 GA-BP 神经网络的训练,当适应度不再上升,或者迭代次数达到预设的进化代数时,算法终止,由上述数据得到遗传算法适应度曲线,如图 5-13 所示。从图中可以看出,适应度值已趋于平稳。把最优初始权值和阈值赋给 BP 神经网络,用训练数据训练 100 次后预测 9 组测试样本,神经网络预测均方值误差曲线如图 5-14 所示。

表 5-4　中心组合设计试验方案及最大轴向变形目标值

试验号	试验因素				响应
	模具温度 A(℃)	熔体温度 B(℃)	保压压力 C(MPa)	保压时间 D(s)	$R1$(%)
1	65	290	80	7	0.0077
2	85	290	60	7	0.0063
3	75	280	70	9	0.0101
4	65	290	60	7	0.007
5	75	280	70	9	0.0101
6	75	280	70	9	0.0101
7	85	290	80	7	0.0071

续表

试验号	试验因素				响应
	模具温度 A(℃)	熔体温度 B(℃)	保压压力 C(MPa)	保压时间 D(s)	$R1$(%)
8	85	290	60	11	0.0066
9	75	280	50	9	0.0095
10	65	270	60	7	0.014
11	75	260	70	9	0.0186
12	75	280	70	5	0.0097
13	75	280	70	9	0.0101
14	85	270	60	11	0.0147
15	75	300	70	9	0.0066
16	85	290	80	11	0.0071
17	75	280	70	9	0.0101
18	75	280	90	9	0.0107
19	75	280	70	9	0.0101
20	65	290	60	11	0.0072
21	65	270	80	7	0.0146
22	55	280	70	9	0.0112
23	65	270	60	11	0.0144
24	75	280	70	13	0.0103
25	85	270	60	7	0.0142
26	85	270	80	11	0.0151
27	95	280	70	9	0.0095
28	65	270	80	11	0.0148
29	65	290	80	11	0.0077
30	85	270	80	7	0.0149

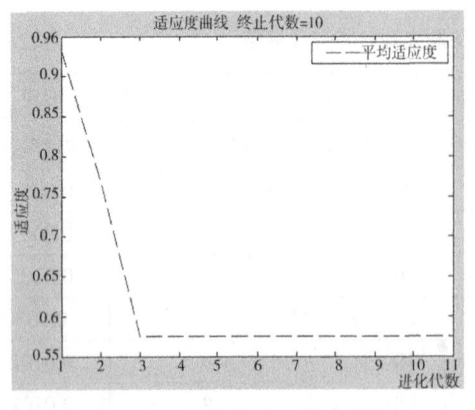

图 5-13 遗传算法适应度曲线

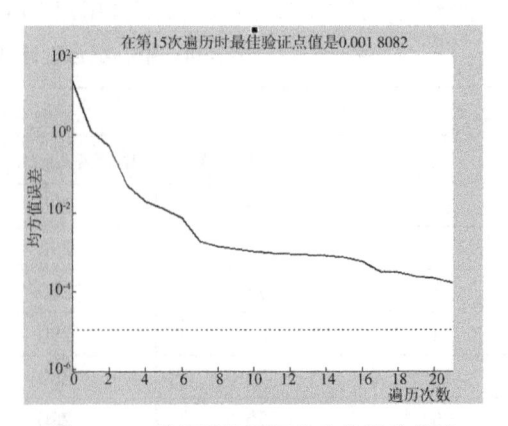

图 5-14 神经网络预测均方值误差曲线

5.5.2 RSM 和 GA-BP 的结合寻优与预测

经过 Design Expert 7.0 软件的分析和计算得出模型的方程为

$R2 = (5618.33 + 4.83 \times A - 37.46 \times B - 0.40 \times C + 9.91 \times D - 0.02 \times A \times B + 0.00 \times A \times C + 0.01 \times A \times D + 0.00 \times B \times C - 0.03 \times B \times D - 0.03 \times C \times D + 0.01 \times A^2 + 0.06 \times B^2 + 0.00 \times C^2 - 0.03 \times D^2) \times 10^{-4}$

最优工艺参数组合为 $[A1, B3, C1, D1]$。

二次响应面回归模型的方差分析结果如表 5-5 所示。从表中可以看出,熔体温度、保压压力、熔体温度的二次方的 F 值最高,表明这 3 个因素对最大轴向变形的影响最显著,且熔体温度对最大轴向变形的影响尤其显著。模具温度和保压时间对最大轴向变形的影响不显著,因此在 5.5.3 节的 GA-BP 组合预测模型应用中设为定值。

表 5-5 二次响应面回归模型的方差分析结果

方差来源	F 值	显著性
A	3.947 008	—
B	**1 208.771**	**
C	**8.394 244**	*
D	1.5418	—
AB	3.330 288	—
AC	0.010 279	—
AD	0.010 279	—
BC	0.041 115	—
BD	0.164 459	—
CD	0.256 967	—
A^2	0.634 341	—
B^2	**45.8311**	**
C^2	0.017 621	—
D^2	0.017 621	—

如图 5-15 所示为响应面预测模型和 GA-BP 组合预测模型的精度比较。虽然通过建立响应面函数也可以预测变形值,但考虑函数模型误差,预测精度受到一定影响;而 GA-BP 组合预测模型直接利用离散的数据进行训练预测,可以使误差达到最小。图 5-15 中为任意选取几组

成型工艺参数组合,分别预测 PC 材料的最大轴向变形,可以看出,GA-BP 组合预测模型的预测精度较优。

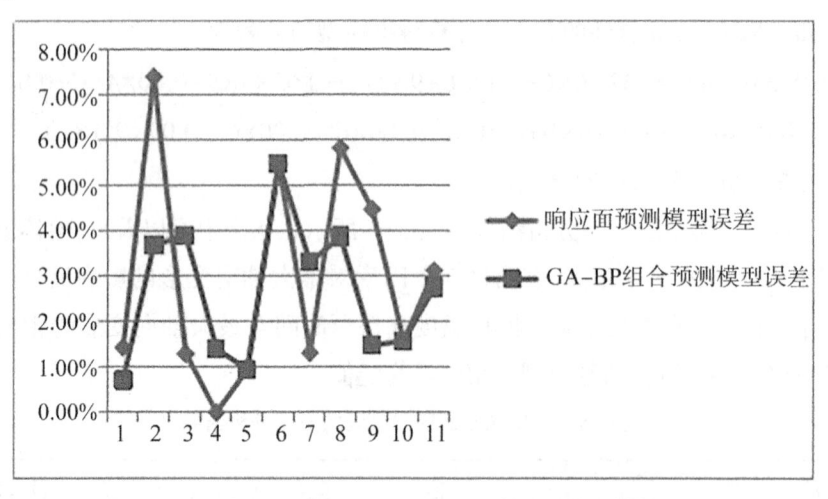

图 5-15 响应面预测模型和 GA-BP 组合预测模型的精度比较

5.5.3 GA-BP 组合预测模型应用

改变某一工艺参数,其余工艺参数不变,利用训练好的 BP 神经网络给定输入,根据对应的输出结果,可研究单因素变化对 PC 材料的最大轴向变形的影响。如图 5-16 所示为 GA-BP 组合预测模型预测的单因素对最大轴向变形的影响。

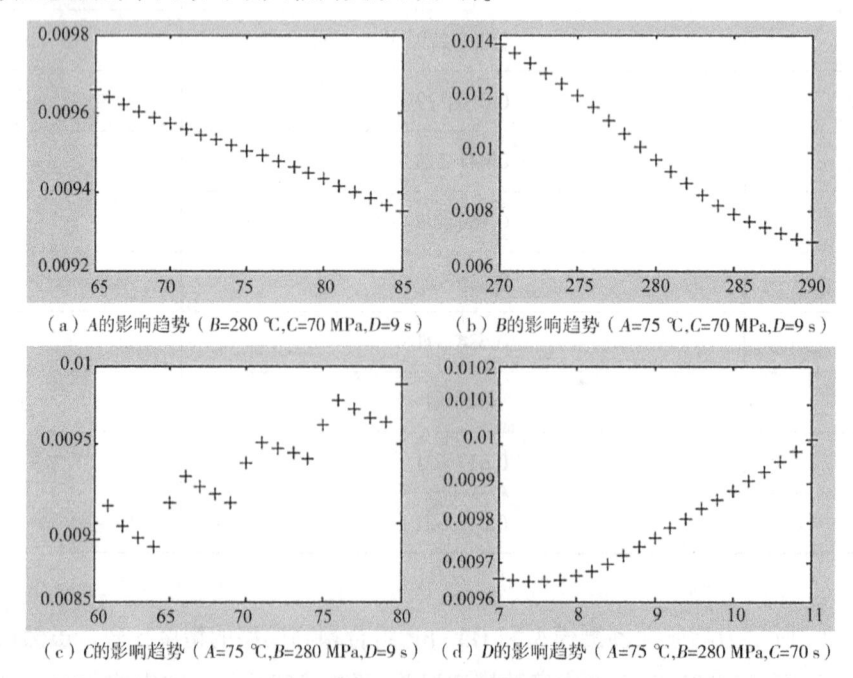

(a) A 的影响趋势 (B=280 ℃,C=70 MPa,D=9 s)

(b) B 的影响趋势 (A=75 ℃,C=70 MPa,D=9 s)

(c) C 的影响趋势 (A=75 ℃,B=280 MPa,D=9 s)

(d) D 的影响趋势 (A=75 ℃,B=280 MPa,C=70 s)

图 5-16 GA-BP 组合预测模型预测的单因素对最大轴向变形的影响

从图 5-16 中可以看出,随着熔体温度和模具温度的提高,PC 材料黏度降低,填充中分子取向降低,最大轴向变形也随之减小。保压时间与最大轴向变形负相关,这一点与唐明真[2]的试验相符。保压压力受到其他因素的交互作用,但总趋势为随着保压压力的增加,轴向变形增大,所以生产中建议低保压成型。GA-BP 神经网络应用于 PC 材料最大轴向变形预测已经具有很高的精度,可以为生产和研究做进一步的指导。

5.6 小结

本章提出了组合预测模型的思想。虽然通过建立响应面函数也可以预测变形值,但考虑到函数模型存在误差,预测精度受到一定影响;而 GA-BP 组合预测模型直接利用离散的数据进行训练预测,可以使误差达到最小。将经过响应面模型初步处理后的预测数据作为优化后的 GA-BP 神经网络的输入,构建出基于组合模型的最大轴向变形的预测模型。

本章通过中心组合设计建立试验模型,用 BP 神经网络建立细长杆注塑成型工艺参数与最大体积收缩率和最大轴向变形的关系模型,用遗传算法获得优化成型参数及预测值。另外,运用响应面和 GA-BP 两种方法,预测的最大轴向变形的相对误差分别为 3.13%、2.76%,结果表明,GA-BP 神经网络具有较高和较稳定的预测精度,响应面可以在整个空间中获得最优工艺参数组合,二者结合可以为注塑成型工艺提供有益的指导。

如果把 BP 神经网络看成一个预测函数,那么利用遗传算法优化 BP 神经网络相当于优化预测函数中的参数值。采用 Moldflow 模拟的目的是得到最优试验结果对应的试验条件,这种方式对于复杂、大型的产品模拟时间太长,工作效率低,且试验只能进行有限次,寻优精度也不高。而 GA-BP 神经网络的训练结果较稳定,收敛性强,应用于注塑成型的预测是可行的,该方法避开了复杂产品需要大量时间模拟的限制,将 PP、PC 材料变形规律包含于权值和阈值之中,实现模具温度、熔体温度、保压时间及保压压力到细长杆最大轴向变形之间的非线性映射。

由 GA-BP 神经网络得出的模具温度、熔体温度、保压时间及保压压力与最大轴向变形关系可知,熔体温度对最大轴向变形有较大影响。要想得到变形较小,质量较好的塑件,应增加熔体的流动性,可采用的办法为提高熔体温度。

遗传算法具有很强的宏观搜索能力,将遗传算法与 BP 神经网络相结合,训练时应用遗传算法对神经网络的权值和阈值进行寻优,不仅可使网络达到全局寻优和快速高效搜索的目的,避免陷入局部最优解问题,而且具有自动获取和积累搜索空间知识及自适应地控制搜索过程的能力,使网络性能得到极大的改善。

第6章
Taguchi–RSM–GRA的集成在细长杆注塑成型工艺多目标优化中的应用

6.1 引言

多目标决策是针对多个相互矛盾的目标进行科学合理的选择,做出决策的理论和方法。它是20世纪70年代迅速发展起来的质量管理的一个分支。多目标决策与只为达到一个目标而从许多可行方案中选出最优方案的一般决策有所不同。在多目标决策中,需要同时考虑多个目标,而这些目标往往是难以比较,甚至是相互矛盾的,一般很难使每个目标都达到最优,并做出各方面都满意的决策。因此,多目标决策实质上就是在各种目标和限制之间求得一个合理的妥协,这也是多目标决策的目的。

近年来,灰色系统理论在解决多目标优化问题上得到了广泛的应用。在进行多目标优化设计时,不同的目标对各设计条件有着不同的要求,各目标之间的量纲、数量级也不同。一般情况下,各目标有可能是相互排斥或冲突的。由于各个目标之间的权重分配困难,有的方法只对某一问题有效。而灰色系统理论为处理不精确数据提供了理论指导,因此在多目标优化设计上得到了应用[107,108,109]。

在注塑产品成型工艺优化中,需要考虑多个因素,同时需要满足多个目标,如体积收缩率、翘曲变形、熔接痕、外观质量等。如果都进行试验,那么不仅试验次数多而且依赖试模人员的经验,结果还具有不确定性。

灰色系统理论考虑了传统因素分析方法及模糊理论处理方法的种种缺陷和不足,采用灰色关联度的方法来做系统分析。

灰色关联分析是根据各因素变化曲线的几何形状的相似程度,来判断因素之间关联程度的方法。此方法通过对动态过程发展态势的量化分析,完成对系统内时间序列有关统计数据几何关系的比较,求出参考数列与各比较数列之间的灰色关联度。灰色关联分析要求的样本容量可以少到4个,对无规律数据同样适用,不会出现定量分析结果与定性分析结果不符的情况[110]。

灰色关联分析是灰色系统理论的精华(信息加工技术)的重要组成部分,是灰色系统理论的基本内容。灰色关联分析的基本任务是分析基于行为因子序列的微观或宏观几何接近程度,以分析和确定因子间的影响程度或因子对主行为的贡献程度。作为一个发展的系统,灰色

第6章 Taguchi-RSM-GRA的集成在细长杆注塑成型工艺多目标优化中的应用

关联分析事实上是动态发展态势的量化分析,更确切地说,是发展态势的量化比较分析。它根据因素之间发展态势的相似或相异程度来衡量因素间接近的程度,即关联度。事物之间的相似程度越大,关联度就越大。关联系数的计算,就是因素间关联程度大小的一种定量分析。因此,按这种观点做因素分析,至少不会出现异常的,将正相关当作负相关的情况。作为一种数学理论,这种方法实质上就是将无限收敛用近似收敛取代,将无限空间的问题用有限数列的问题取代,将连续的概念用离散的数列取代的一种方法。此外,由于灰色关联分析是按发展趋势做分析的,因此对样本量的多少没有过分的要求,也不需要典型的分布规律,而且计算量小,其分析结果与定性分析吻合。因此灰色关联分析是系统分析中最理想的一种方法,具有广泛的适用性[111]。

由于灰色关联度算法在反映距离尺度方面有一定的缺陷,而理想解法中的距离比较概念正好能够很好地体现各非劣解数据曲线与理想解数据曲线位置上的关系。因此,本书将理想解的理论和灰色关联度相结合,提出了一种用于求解多目标问题的理想解和灰色关联度的综合——贴近度,并应用在注塑产品成型工艺优化中,对求解多目标优化问题在理论和方法上都有一定的意义。

目前,将灰色系统理论应用于注塑产品成型工艺的资料还鲜有开展,尤其对于注塑成型多因素多品质的优化设计及预测,相关资料并不太多。本书旨在将灰色系统理论中的灰色关联分析法应用到注塑产品成型工艺优化中,为多目标稳健设计提供一个新的方法。

本章在前面 Taguchi 正交试验、响应面多目标加权试验设计的基础上,将灰色关联分析应用到细长杆注塑成型多目标优化设计中,以解决多目标优化问题。首先,通过基于信噪比的 Taguchi 正交试验和工艺参数组合的灰色关联度的计算,得到最优工艺参数组合,并分析单个因素对关联度的影响;然后,基于响应面和灰色关联分析的集成得到以综合关联度为目标的响应面二次方程,根据方程得到最优工艺参数组合解;最后,根据分析目前灰色关联度的计算方法,提出基于灰色关联分析和理想解距离的相对贴近度,并以贴近度作为目标,寻求最优工艺参数组合。

6.2 灰色关联分析的方法与步骤

(1)根据评价目的确定评价指标体系,收集评价数据。
(2)确定参考序列。
令 X 为序列集

$$X = \begin{cases} x_i \mid i \in M, M = \{1, 2, \cdots, m\}, m \geq 2 \\ x_i = (x_i(1), x_i(2), \cdots, x_i(n)) \\ x_i(k) \in x_i, k \in K, K = \{1, 2, \cdots, n\}, n \geq 2 \\ x_i(k) \text{为对象} x_i \text{的第} k \text{个指标} \end{cases}$$

如果 X 具有下述性质:

①数值可接近性；
②数量可比性；
③非负因子性；

则称 X 为灰色关联因子集，或灰色关联序列集，称 X 中的序列为因子。

所谓参考序列，常记为 X_{0j}，应该是一个理想的比较标准，既可以各指标的最优值构成参考序列，也可根据评价目的选择其他参照值。参考序列 X_{0j} 可表示为

$$X_{0j} = \begin{cases} x_{0j} | x_{0j} = (x_{0j}(1), x_{0j}(2), \cdots, x_{0j}(n)), j = \{1, 2, \cdots, J\} \\ x_{0j}(k) \in x_{0j}, k \in K, K = \{1, 2, \cdots, n\}, n \geq 2 \end{cases}$$

关联分析中与参考序列做关联程度比较的"子数列"，称为比较序列，又称为系统相关因素行为序列，常记为 X_i，比较序列可表示为

$$X_i = \begin{cases} x_i | i \in M, M = \{1, 2, \cdots, m\}, m \geq 2 \\ x_i = (x_i(1), x_i(2), \cdots, x_i(n)) \\ x_i(k) \in x_i, k \in K, K = \{1, 2, \cdots, n\}, n \geq 2 \end{cases}$$

对多目标优化来说，k 为目标指标数。

(3)对指标数据进行无量纲化。

由于系统中各因素的物理意义不同或计量单位不同从而导致数据的量纲不同，而且有时数值的数量级相差悬殊，因此，不同量纲、不同数量级之间不便比较，或者在比较时难以得到正确的结果。为便于分析，同时为保证数据具有等效性和同序性，在对各因素进行比较前就需要对原始数据进行无量纲化处理，使之无量纲化。

令 X 为指标序列集

$$X = \begin{cases} x_i | i \in M, M = \{1, 2, \cdots, m\}, m \geq 2, x_i = (x_i(1), x_i(2), \cdots, x_i(n)) \\ x_i(k) \in x_i, k \in K, K = \{1, 2, \cdots, n\}, n \geq 2, x_i(k) \text{ 为对象 } x_i \text{ 的第 } k \text{ 个指标} \end{cases}$$

记 x_i^Ω 为 x_i 的生成序列

$$x_i = (x_i(1), x_i(2), \cdots, x_i(n))$$
$$x_i^\Omega = (x_i^\Omega(1), x_i^\Omega(2), \cdots, x_i^\Omega(n))$$

对于望大特性的目标，数据处理为

$$x_i^\Omega(k) = \frac{x_i(k) - \min\limits_{i \in M} x_i(k)}{\max\limits_{i \in M} x_i(k) - \min\limits_{i \in M} x_i(k)}$$

对于望小特性的目标，数据处理为

$$x_i^\Omega(k) = \frac{\max\limits_{i \in M} x_i(k) - x_i(k)}{\max\limits_{i \in M} x_i(k) - \min\limits_{i \in M} x_i(k)}$$

对于望目特性的目标，数据处理为

$$x_i^\Omega(k) = \frac{\max\limits_{i \in M} |x_i(k) - x_0| - |x_i(k) - x_0|}{\max\limits_{i \in M} x_i(k) - \min\limits_{i \in M} x_i(k)}$$

无量纲化后的数据序列形成如下矩阵

$$(X_0, X_1, \cdots, X_n) = \begin{pmatrix} x_0(1) & x_1(1) & \cdots & x_n(1) \\ x_0(2) & x_1(2) & \cdots & x_n(2) \\ \vdots & \vdots & & \vdots \\ x_0(m) & x_1(m) & \cdots & x_n(m) \end{pmatrix}$$

(4)逐一计算每个被评价对象指标序列(比较序列)与参考序列对应元素的绝对差值,即

$$|x_0(k) - x_i(k)|$$

式中,$k = 1, 2, \cdots, m$;$i = 1, 2, \cdots, n$,n 为被评价对象的个数。

(5)确定 $\min\limits_{i}\min\limits_{k}|x_0(k) - x_i(k)|$ 与 $\max\limits_{i}\max\limits_{k}|x_0(k) - x_i(k)|$。

$\Delta_i(k)$ 表示第 k 时刻 $x_0(k)$ 与 $x_i(k)$ 的绝对差值,$\Delta_i(k) = |x_0(k) - x_i(k)|$。

$\min\limits_{k}\Delta_i(k)$ 表示一级最小差;$\min\limits_{i}\min\limits_{k}\Delta_i(k)$ 表示两级最小差,即在一级最小差 $\min\limits_{k}\Delta_i(k)$ 的基础上,按 $i = 1, 2, \cdots, m$ 找出最小差中的最小差;$\max\limits_{k}\Delta_i(k)$ 表示一级最大差;$\max\limits_{i}\max\limits_{k}\Delta_i(k)$ 表示两级最大差。

(6)计算关联系数。

按照邓氏理论,分别计算每个比较序列与参考序列对应元素的关联系数,即

$$\gamma_{0i}(k) = \frac{\min\limits_{i}\min\limits_{k}|x_0(k) - x_i(k)| + \zeta \max\limits_{i}\max\limits_{k}|x_0(k) - x_i(k)|}{|x_0(k) - x_i(k)| + \zeta \max\limits_{i}\max\limits_{k}|x_0(k) - x_i(k)|}$$

式中,$k = 1, 2, \cdots, m$;ζ 为分辨系数,在 $(0,1)$ 内取值,ζ 越小,关联系数间的差异越大,区分能力越强,通常 ζ 取 0.5。

(7)计算关联序列。

对各比较序列分别计算其各指标与参考序列对应元素的关联系数的均值,以反映各评价对象与参考序列的关联关系,并称其为关联序列,记为

$$r_{0i} = \frac{1}{m}\sum_{k=1}^{m}\zeta_i(k)$$

(8)求加权平均值。

如果各指标在综合评价中所起的作用不同,则可对关联系数求加权平均值,即

$$r'_{0i} = \frac{1}{m}\sum_{k=1}^{m}W_k \cdot \zeta_i(k)$$

式中,W_k 为各指标权重;$k = 1, 2, \cdots, m$。

(9)依据各观察对象的关联序列,得出综合评价结果。

6.3 灰色关联系数的讨论

灰色关联空间是灰色系统理论的基石,关联度则是灰色关联空间的基础,由于分辨系数的取值直接影响关联度的计算结果,从而影响系统的分析、决策与控制,因此对分辨系数的取值

十分重要。通过关联系数的计算公式可以看出,ζ是两级最大差的系数(或称为权重),它的取值大小在主观上体现了研究者对两级最大差的重视程度,在客观上反映了系统的各个因子对关联度的间接影响程度。ζ越大,说明研究者对两级最大差越重视,各因子对关联度的影响越大;ζ越小,说明研究者对两级最大差越不重视,各因子对关联度的影响越小。由

$$\gamma_{0i}(k) = \frac{\min\limits_{i}\min\limits_{k}|x_0(k) - x_i(k)| + \zeta\max\limits_{i}\max\limits_{k}|x_0(k) - x_i(k)|}{|x_0(k) - x_i(k)| + \zeta\max\limits_{i}\max\limits_{k}|x_0(k) - x_i(k)|}$$

可知:

若$\zeta=1$,则关联系数的取值范围是$0.5 \leqslant \gamma_{0i}(k) \leqslant 1$,这时$\gamma_{0i}(k)$取值范围较小,分辨系数较低。

若$\zeta=0.1$,则关联系数的取值范围是$0.09 \leqslant \gamma_{0i}(k) \leqslant 1$,这时$\gamma_{0i}(k)$取值范围较大,分辨系数较高。

系统各因子的观测序列是其行为特征的数量表现,系统在运行中不可避免地受到各种不确定因素的干扰;在观测序列的获取过程中,也会受到许多干扰因素的影响,这就使得观测序列往往带有不同程度的离散性。根据观测值动态变化选取ζ值,不仅使分辨系数的取值具有一定的客观基础,而且具有一定的灵活性和智能性,更能真实地体现系统的关联性。本章将研究不同ζ值对关联度的影响。

6.4 Taguchi-GRA 的集成在细长杆注塑成型品质多目标优化中的应用

6.4.1 基于 Taguchi 正交试验和灰色关联分析集成的注塑成型工艺参数优化

选择细长笔杆作为分析模型,通过 UG 软件进行三维造型,长径比大于 15,型腔布局为一模四腔,平衡流道布置如图 6-1 所示。采用 Globalene 6331 PP 材料进行模拟分析,仍选用体积收缩率和最大轴向变形作为优化目标,结果见表 3-10,经过"望小"处理后的数据见表 3-11。

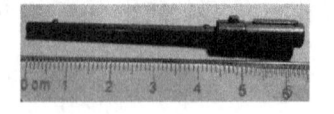

图 6-1 平衡流道布置

6.4.2 多目标的灰色关联度计算

根据灰色关联决策的理论,以评价方案指标向量与相对最优方案指标向量的关联度作为评价方案优劣的准则。第 0 列相较于第 j 列的灰色关联度为

$$r_{0j}(k) = \frac{\Delta_{\min} + \zeta \Delta_{\max}}{\Delta_{0j}(k) + \zeta \Delta_{\max}}$$

式中,ζ 为分辨系数,$\zeta \in [0,1]$;$\Delta_{\max} = \max\limits_{j}\max\limits_{k}|X_0^*(k) - X_j^*(k)|$;$\Delta_{\min} = \min\limits_{j}\min\limits_{k}|X_0^*(k) - X_j^*(k)|$;$\Delta_{0j}(k)$ 表示第 0 列第 k 个值与第 j 列第 k 个值的差的绝对值。

由于各反应变量的计量单位不尽相同,如果直接以原始数据进行分析,则可能无法寻得最优解,因此在进行灰色关联分析之前必须对原始数据进行正规化处理,使得正规化的数据介于 0 和 1 之间。而正规化也分为望大、望小和望目 3 种类型,由于在表 3-11 中已经将反应变量值转换为信噪比,信噪比特性越大越好,所以此处正规化皆采用望大来计算。正规化公式为

$$1 - \left| \frac{x_{\max} - x_j}{x_{\max}} \right|$$

本研究令 $\zeta = 0.5$,计算得 $\Delta_{\max} = 0.2077$、$\Delta_{\min} = 0.0185$,正规化及灰色关联度计算结果如表 6-1 所示。

表 6-1 正规化及灰色关联度计算结果

试验号	试验因素				正规化		关联度 r
	模具温度 A(℃)	熔体温度 B(℃)	保压压力 C(MPa)	保压时间 D(s)	$R1$(%)	$R2$(mm)	
1	30	210	26	7	0.9966	0.8157	0.4297
2	30	230	30	9	0.9698	0.9054	0.7272
3	30	250	34	11	0.9436	1.0000	0.7635
4	50	210	30	11	0.9980	0.8022	0.4083
5	50	230	34	7	0.9695	0.8830	0.6428
6	**50**	**250**	**26**	**9**	**0.9443**	**0.9628**	**1.0000**
7	70	210	34	9	1.0000	0.7923	0.3927
8	70	230	26	11	0.9707	0.8618	0.5751
9	70	250	30	7	0.9466	0.9683	0.9745

6.4.3 灰色关联度的极差与方差分析

通过比较灰色关联度 r_{0j} 的大小来选取最优因素水平组合,其中 r_{0j} 最大的即为最优因素水平组合,表 6-1 中给出的 9 组试验中的最优因素水平组合为 [$A2, B3, C1, D2$]。但是为寻求整个空间中离散的最优因素水平组合,应该对各因素水平的平均值做极差分析,如表 6-2 所示。

并作出影响趋势图,如图 6-2 所示,可以看出熔体温度的极差最大,说明其对灰色关联度的影响最大,而模具温度的极差最小,其余两个因素的极差居中。所以,发现初步的最优因素水平组合为[$A2,B3,C2,D2$],因素的重要程度依次为 $B、D、C、A$。

表 6-2 关联度 r 的影响因素极差分析

分析	模具温度 A(℃)	熔体温度 B(℃)	保压压力 C(MPa)	保压时间 D(s)
水平 1	0.640 120 46	0.410 232 90	0.668 254 43	0.682 316 88
水平 2	**0.683 691 01**	0.648 347 71	**0.703 337 84**	**0.706 635 18**
水平 3	0.647 438 04	**0.912 668 90**	0.599 657 24	0.582 297 45
极差	0.043 570 55	0.502 436 00	0.103 680 60	0.124 337 72

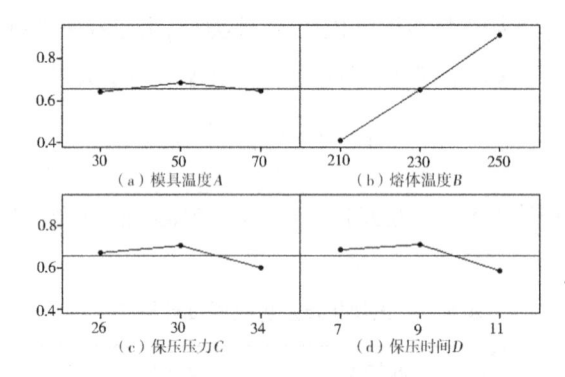

图 6-2 各因素水平的平均值的影响趋势图

为找出参数设计中显著影响反应变量的因素,可使用方差分析。计算试验变动时用所求的灰色关联度代替试验观测值,求各因素变动对整个试验变动的贡献度,以决定改善优先顺序。因为各因素变动都含有误差变异,因此在计算贡献度时,需将误差变异去除,即将各因素的偏差平方和减去误差调和,从而得到各因素的纯变动,为避免计算 F 值时出现自由度为 0 的情况,将偏差平方和最小的来源因素 A 作为误差项来处理,以因素 B 为例:0.3790−0.0033 = 0.3757。关联度 r 的影响因素方差分析如表 6-3 所示,从方差分析的结果可以得知,熔体温度 B 和保压时间 D 具有较高的贡献度。

表 6-3 关联度 r 的影响因素方差分析

来源	自由度	偏差平方和	F 值	纯变动	贡献度
A	2	0.0033	—	—	—
B	2	0.3790	**116.0459**	0.3757	88.4067
C	2	0.0167	5.1090	0.0134	3.1576
D	2	0.0261	**7.9776**	0.0228	5.3620
误差调和	2	0.0033	—	0.0131	3.0738
合计	10	0.4250		0.4250	100

6.4.4 连续空间的预测模型

A、B、C、D 4个因素皆为连续型变量,从上面分析可知,熔体温度 B 和保压时间 D 对制件的综合性能有较大影响。输入变量是 4 个因素,输出变量是各组灰色关联度,构建二阶预测模型如下

$$Y = -5.5710 + 0.0102 \times A - 0.0025 \times B + 0.2516 \times C + 0.3094 \times D$$
$$-0.0001 \times A^2 + 0.0003 \times B^2 - 0.0043 \times C^2 - 0.0186 \times D^2$$

以 B 和 D 两个因素为输入变量,将 A 和 C 两个因素固定为优化的 $A2$ 和 $C2$,以灰色关联度为输出变量,进一步绘制其响应曲面。响应曲面分析如图 6-3 所示。

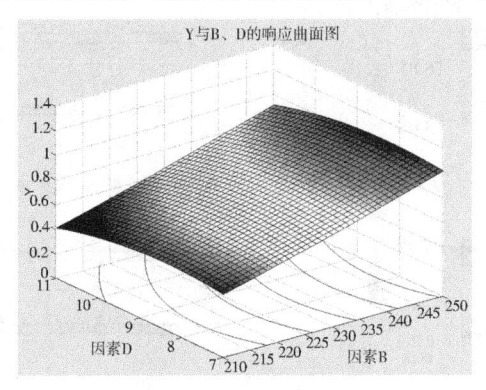

图 6-3 响应曲面分析

从图 6-3 等高线图和响应曲面图可以发现,因素 B 越大,关联度越大,而因素 D 越靠近 9,关联度越大。这也就验证了之前所得最优因素水平组合为 $[A2, B3, C2, D2]$ 的结论。

为进一步验证拟合模型精度,将模型预测所得灰色关联度与试验数据计算所得的 9 组灰色关联度对比,如表 6-4 所示。从表中可以看出,两者误差不超过 10^{-4},因此该模型具有较高的预测精度。

表 6-4 试验数据和拟合数据对比

试验号	试验数据 r	模型拟合数据 r'	误差
1	0.429 675	0.429 698	
2	0.727 192	0.727 197	
3	0.763 495	0.763 496	
4	0.408 310	0.408 297	
5	0.642 763	0.642 796	≤10^{-4}
6	1.000 000	0.999 998	
7	0.392 714	0.392 696	
8	0.575 088	0.575 098	
9	0.974 512	0.974 497	

建立连续空间寻优预测模型

$$Y_{min} = -5.5710 + 0.0102 \times A - 0.0025 \times B + 0.2516 \times C + 0.3094 \times D$$
$$-0.0001 \times A^2 + 0.0003 \times B^2 - 0.0043 \times C^2 - 0.0186 \times D^2$$

利用 Matlab 软件寻得最优解为 [A(50.3 ℃), B(250 ℃), C(29 MPa), D(8.3 s)], 即模具温度为 50.3 ℃, 熔体温度为 250 ℃, 保压压力为 29 MPa, 保压时间为 8.3 s。灰色关联分析的目标值如图 6-4 所示。数值模拟及实际注塑试验表明,该方法减小了最大体积收缩率和最大轴向变形,并有效地提高了注塑制件的填充平衡性。综合结果比前述方法进一步优化了。

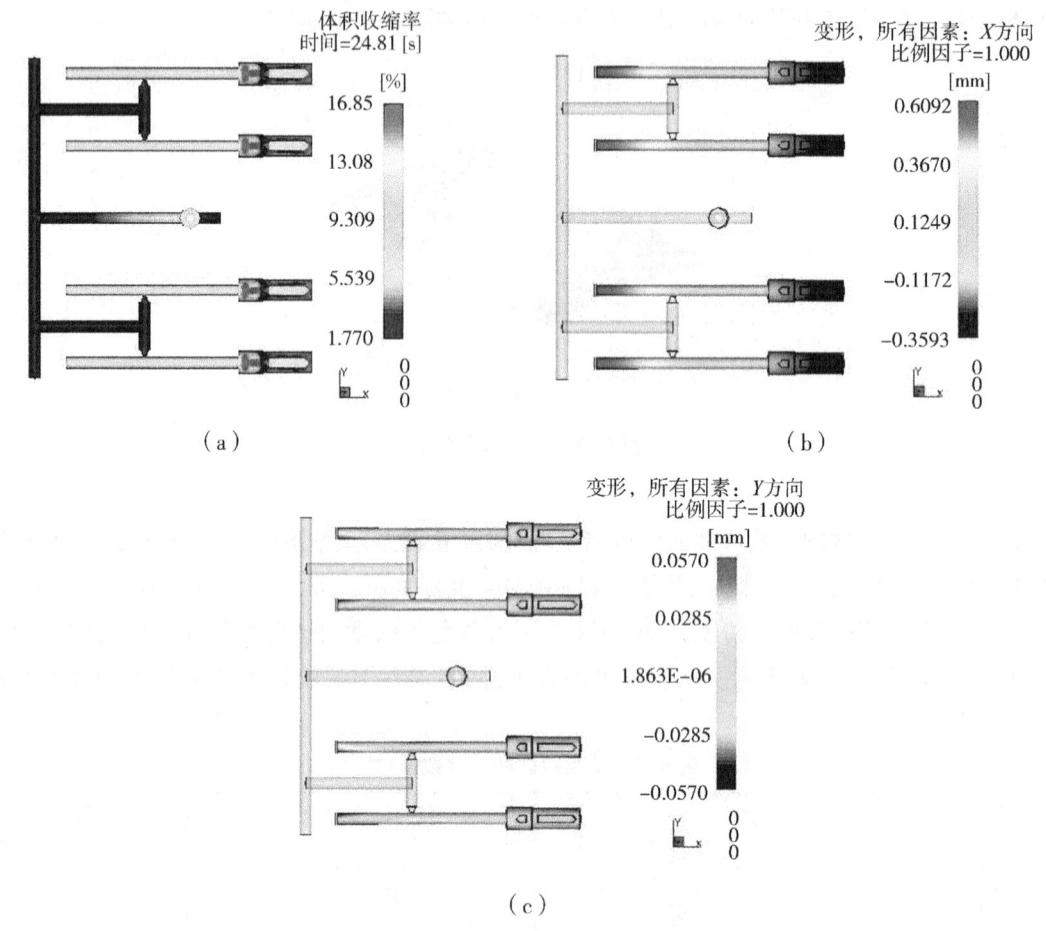

图 6-4 灰色关联分析的目标值

6.4.5 多种优化方法比较

把 PP 材料灰色关联分析得到的优化结果和前面几种方法比较,如表 6-5 所示,结果显示,基于信噪比的 Taguchi 正交试验、响应面法和灰色关联分析的优化结果基本一致。因此,要提高细长杆类制件的综合性能,建议用较高的模具温度与熔体温度和较短的保压时间。响应面法获得的最大体积收缩率最优,灰色关联分析获得的最大轴向变形和平衡效果(Y 向变形值)

最优。

表 6-5 多种优化方法比较

min($R1,R2$)	最优工艺参数组合	$R1$(%)	$R2$(mm)	Y向变形值(mm)
信噪比正交	[50,230,34,8]	16.29	0.6363	0.0585
普通正交	[30,230,34,7]	16.32	0.6260	0.0641
响应面法	[50,230,34,7]	15.79	0.6345	0.0619
灰色关联分析	[50.3,250,29,8.3]	16.85	0.6092	0.0570

▶ 6.5 RSM-GRA 的集成在细长杆注塑成型品质多目标优化中的应用

6.5.1 基于 CCD 试验的灰色关联度计算

选择 Sam Yang Compang 公司的 PC(Trirex 3020)材料,熔融温度高,黏度较高,表现出很强的非线性行为,其注塑成型工艺参数范围如下。

(1)模具温度:65~85 ℃。

(2)熔体温度:270~290 ℃。

(3)保压压力:60~90 MPa。

(4)保压时间:7~11 s。

以细长杆的轴向变形为研究对象,基于 CCD 试验设计进行两个冲突目标优化的分析。根据 Huang M C 等[29]提供的改进灰色关联度的算法,对关联系数和关联度进行优化计算,为避免均值化处理导致的综合评价结果的波动,删除均值化生成,理想评价矩阵设置为

$$G = \begin{pmatrix} g_{11} & g_{12} & \cdots & g_{1k} \\ g_{21} & g_{22} & \cdots & g_{2k} \\ \vdots & \vdots & & \vdots \\ g_{m1} & g_{m2} & \cdots & g_{mk} \end{pmatrix}_{m \times k}$$

式中,$g_{iu} = \max_{j}\{A_{ju}\}$,$j = 1,2,\cdots,n$。

将规范化评价矩阵 S 中的元素 s_{ju} 与理想评价矩阵中的元素 g_u 的关联度计算改为

$$r_{ju} = \frac{\zeta \max|g_u - s_{ju}|}{|g_u - s_{ju}| + \zeta \max|g_u - s_{ju}|}$$

本研究令 $\zeta = 0.5$,把规范化数据代入公式计算可得参数组合的灰色关联度 r。CCD 试验数据及灰色关联度值如表 6-6 所示。

表 6-6 CCD 试验数据及灰色关联度值

试验号	试验因素				响应		规范化		综合指标 r
	模具温度 A(℃)	熔体温度 B(℃)	保压压力 C(MPa)	保压时间 D(s)	$R1$(%)	$R2$(mm)	$Y1$	$Y2$	
1	65	290	80	7	7.823	0.0149	0.9394	0.4228	0.8557
2	65	290	70	13	8.332	0.0103	0.8820	0.6117	0.9154
3	75	280	60	11	7.823	0.0147	0.9394	0.4286	0.5819
4	85	270	80	11	7.825	0.0148	0.9392	0.4257	0.4045
5	75	280	70	9	8.332	0.0101	0.8820	0.6238	0.5702
6	85	270	60	7	7.825	0.0140	0.9392	0.4500	0.4072
7	65	270	80	11	8.711	0.0071	0.8436	0.8873	0.4059
8	75	280	80	11	8.852	0.0077	0.8302	0.8182	0.5819
9	65	270	80	7	8.711	0.0071	0.8436	0.8873	0.418
10	85	290	90	9	8.331	0.0107	0.8820	0.6117	0.6236
11	65	290	70	9	8.332	0.0101	0.8820	0.6238	0.9154
12	**85**	**290**	**70**	**9**	**8.331**	**0.0101**	**0.8821**	**0.5888**	**1**
13	75	280	70	9	8.323	0.0112	0.8830	0.5625	0.5492
14	75	280	60	11	8.852	0.0072	0.8302	0.8750	0.5819
15	85	290	60	7	8.711	0.0063	0.8436	1.0000	0.5819
16	55	280	60	7	7.823	0.0142	0.9394	0.4437	0.5263
17	65	290	60	11	7.825	0.0144	0.9392	0.4375	0.9127
18	85	290	60	11	8.711	0.0066	0.8436	0.9545	0.7036
19	85	270	80	7	7.825	0.0146	0.9392	0.4315	0.4147
20	65	270	70	9	8.332	0.0101	0.8820	0.6238	0.4117
21	**85**	**290**	**70**	**9**	**8.331**	**0.0101**	**0.8821**	**0.5888**	**1**
22	65	270	70	9	8.332	0.0101	0.8820	0.6238	0.4088
23	75	280	70	9	9.311	0.0066	0.7893	0.9545	0.5819
24	75	260	80	11	7.823	0.0151	0.9394	0.4172	0.3455
25	75	280	70	9	8.247	0.0095	0.8911	0.6632	0.5819
26	75	300	50	9	8.332	0.0095	0.8820	0.6632	0.691
27	85	270	70	5	8.332	0.0097	0.8820	0.6495	0.4018
28	95	280	80	7	7.823	0.0149	0.9394	0.4228	0.6134
29	75	280	70	13	8.332	0.0103	0.8820	0.6117	0.6236
30	75	280	60	11	7.823	0.0147	0.9394	0.4286	0.6085

6.5.2 基于响应面的参数显著性分析和预测模型

为确定各个因素及因素的交互作用对两个指标的影响,需要对试验样本进行方差分析,如前述表 4-10、表 4-12 所示。从表中可以看出,对体积收缩率影响显著的因素有 A、B、AB、A^2;对轴向变形影响显著的因素有 B、C、B^2。该工作为下一步建立二阶回归响应面和对模型简化建立了基础。响应面寻优结果如图 6-5 所示。

比较灰色关联度 r 的大小,选取较大的作为正交表内的最优工艺参数组合,但为了寻求整个连续空间内的最优工艺参数组合,需要对各因素的关联度值建立响应面,响应面方程的输入值为有显著影响的 7 个因素:A、B、AB、A^2、B、C、B^2,其他设为定值,输出值为灰色关联度变量。公式如下

$$Y = 10^{-5} \times (1\,947\,010.417 - 1144.188 \times A - 11\,591.438 \times B + 667.688 \times C \\ + 0.1042 \times D - 11.425 \times A \times B + 1.525 \times A \times C + 6.5 \times A \times D - 14.438 \times B \times C \\ - 48.812 \times B \times D - 20.438 \times C \times D + 27.798 \times A^2 + 21.085 \times B^2 + 23.898 \\ \times C^2 + 565.885 \times D^2)$$

通过公式,获得最优工艺参数组合为 $[85, 290, 70, 9]$。

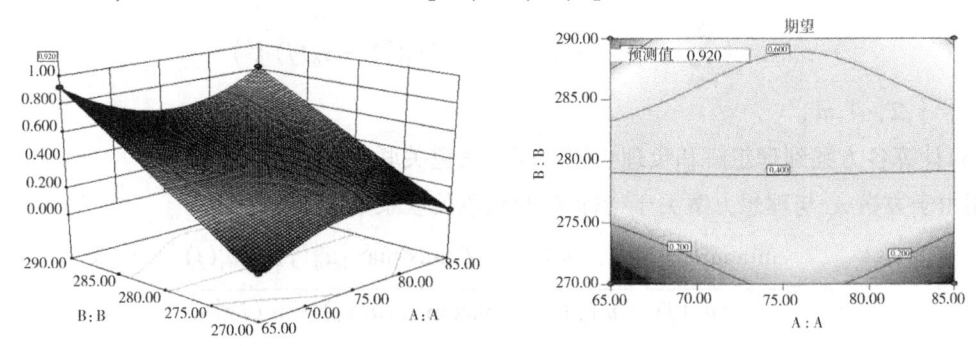

图 6-5 响应面寻优结果

6.6 基于灰色关联分析和理想解法的注塑成型品质多目标优化

记方案集 $A = \{A_1, A_2, \cdots, A_m\}$,指标集 $T = \{T_1, T_2, \cdots, T_n\}$。方案 A_i 在指标 T_j 下的评价值为 $x_i(j)$,$i = 1, 2, \cdots, m$;$j = 1, 2, \cdots, n$,决策矩阵 $X[x_i(j)]_{m \times n}$,建模过程包括以下步骤。

(1)利用向量归一化法对决策矩阵做归一化处理。

用向量归一化法对决策矩阵做归一化处理,得标准化矩阵

$$Y[y_i(j)]_{m \times n}$$

式中,$y_i(j) = x_i(j) \left(\sum_{i=1}^{m} [x_i(j)]^2 \right)^{-1/2}$。

(2) 计算加权标准化判断矩阵。
$$U = [u_i(j)]_{m \times n} = [w_j y_i(j)]_{m \times n}$$
式中,w_j 为指标 T_j 的权重,$i = 1,2,\cdots,m$;$j = 1,2,\cdots,n$。

(3) 确定理想解和负理想解。

①确定理想解。
$$U_0^+ = [\max_i u_i(j) | j \in J^+, \min_i u_i(j) | j \in J^-] = \{u_0^+(1), u_0^+(2), \cdots, u_0^+(j), \cdots, u_0^+(n)\}$$

②确定负理想解。
$$U_0^- = [\max_i u_i(j) | j \in J^+, \min_i u_i(j) | j \in J^-] = \{u_0^-(1), u_0^-(2), \cdots, u_0^-(j), \cdots, u_0^-(n)\}$$

式中,J^+ 为效益型指标集合,J^- 为成本型指标集合。

(4) 计算各方案到理想解和负理想解之间的距离。

①计算第 i 个方案到理想解之间的距离。
$$L_i^+ = \left(\sum_{j=1}^n [u_i(j) - u_0^+(j)]^2 + [v_i(j) - v_0^+(j)]^2 \right)^{1/2}$$
式中,$i = 1,2,\cdots,m$。

②计算第 i 个方案到负理想解之间的距离。
$$L_i^- = \left(\sum_{j=1}^n [u_i(j) - u_0^-(j)]^2 + [v_i(j) - v_0^-(j)]^2 \right)^{1/2}$$
式中,$i = 1,2,\cdots,m$。

(5) 计算各方案到理想解和负理想解之间的灰色关联度。

①由于方案 A_i 与理想方案关于指标 T_j 的灰色关联系数为
$$e_{ij}^+ = \frac{\min_i \min_j |u_0^+(j) - u_i(j)| + \zeta \max_i \max_j |u_0^+(j) - u_i(j)|}{|u_0^+(j) - u_i(j)| + \zeta \max_i \max_j |u_0^+(j) - u_i(j)|}$$
式中,ζ 为分辨系数,$0 \leq \zeta \leq 1$,则方案 A_i 与理想方案的灰色关联度为
$$E_i^+ = \frac{1}{n} \sum_{j=i}^n e_{ij}^+$$
式中,$i = 1,2,\cdots,m$。

②由于方案 A_i 与负理想方案关于指标 T_j 的灰色关联系数为
$$e_{ij}^- = \frac{\min_i \min_j |u_0^-(j) - u_i(j)| + \zeta \max_i \max_j |u_0^-(j) - u_i(j)|}{|u_0^-(j) - u_i(j)| + \zeta \max_i \max_j |u_0^-(j) - u_i(j)|}$$
式中,ζ 为分辨系数,$0 \leq \zeta \leq 1$,而方案 A_i 与负理想方案的灰色关联度为
$$E_i^- = \frac{1}{n} \sum_{j=i}^n e_{ij}^-$$
式中,$i = 1,2,\cdots,m$。

(6) 各方案到理想解和负理想解距离的归一化,各方案到理想解和负理想解灰色关联度的归一化。

第6章 Taguchi-RSM-GRA的集成在细长杆注塑成型工艺多目标优化中的应用

P_i 分别代表 L_i^+、L_i^-、E_i^+、E_i^-，其归一化为 $P_{\text{new}} = P_i / \max_i P_i$，仍记为 L_i^+、L_i^-、E_i^+、E_i^-。

（7）归一化后的各方案到理想解距离和灰色关联度组合、归一化后的各方案到负理想解距离和灰色关联度组合。

$$V_i^+ = \alpha_1 L_i^- + \alpha_2 E_i^+, V_i^- = \beta_1 L_i^+ + \beta_2 E_i^-$$

式中，$i = 1, 2, \cdots, m; \alpha_1 + \alpha_2 = 1, \beta_1 + \beta_2 = 1, \alpha_1 \geq 0, \alpha_2 \geq 0, \beta_1 \geq 0, \beta_2 \geq 0$。

（8）计算各方案的相对贴近度。

方案 A_i 的相对贴近度

$$Z_i = V_i^+ / (V_i^+ + V_i^-)$$

式中，$i = 1, 2, \cdots, m$。

把方案 A_i 的相对贴近度 Z_i 作为方案 A_i 综合评价值，Z_i 越大，方案 A_i 越优。

对表6-6的数据进行分析：

对原始决策矩阵进行归一化处理，得标准化矩阵

$Y_1 = [0.1716, 0.1827, 0.1827, 0.1827, 0.2042, 0.1716, 0.1911, 0.1716, 0.1941, 0.1825,$
$0.1827, 0.1716, 0.1911, 0.1827, 0.1827, 0.1827, 0.1716, 0.1911, 0.1827, 0.1827,$
$0.1716, 0.1911, 0.1941, 0.1911, 0.1941, 0.1612, 0.1941, 0.1827, 0.1827, 0.1827]^T$

$Y_2 = [0.2424, 0.1654, 0.1654, 0.1654, 0.1081, 0.2391, 0.1163, 0.2358, 0.1261, 0.1834,$
$0.1588, 0.2440, 0.1032, 0.1654, 0.1752, 0.1556, 0.2325, 0.2473, 0.2407, 0.1556,$
$0.2293, 0.1163, 0.1146, 0.1081, 0.1261, 0.3046, 0.1179, 0.1654, 0.1654, 0.1687]^T$

$Y = [Y_1, Y_2]$

根据 $U = (Y_1 + Y_2)/2$ 计算加权标准化判断矩阵 U，确定理想解及负理想解分别为

$$U_0^+ = [0.0806, 0.0516]^T, U_0^- = [0.1021, 0.1523]^T$$

归一化后的各方案到理想解距离与灰色关联度组合为

$V_0^+ = [0.5593, 0.7427, 0.7427, 0.7427, 0.9403, 0.5685, 0.9271, 0.5779, 0.8691, 0.6779,$
$0.7679, 0.5550, 1.0000, 0.7427, 0.7064, 0.7894, 0.5878, 0.5460, 0.5642, 0.7808,$
$0.5971, 0.9271, 0.9268, 0.9715, 0.8691, 0.5765, 0.9097, 0.7427, 0.7427, 0.7304]^T$

归一化后的各方案到负理想解距离与灰色关联度组合为

$V_0^- = [0.7258, 0.5072, 0.5072, 0.5072, 0.6075, 0.7132, 0.4428, 0.7007, 0.4888, 0.5617,$
$0.4877, 0.7321, 0.4304, 0.5072, 0.5370, 0.4687, 0.6883, 0.7450, 0.7194, 0.4782,$
$0.6762, 0.4428, 0.4704, 0.4334, 0.4888, 0.9979, 0.4749, 0.5072, 0.5072, 0.5170]^T$

得方案的综合评价值向量（分辨系数 ζ 取 0.5）为

$Z = [0.4352, 0.5942, 0.5942, 0.5942, 0.6075, 0.4436, 0.6767, 0.4520, 0.6400, 0.5469,$
$0.6116, 0.4312, 0.6991, 0.5942, 0.5681, 0.6275, 0.4606, 0.4229, 0.4396, 0.6202,$
$0.4689, 0.6767, 0.6633, 0.6915, 0.6400, 0.3662, 0.6570, 0.5942, 0.5942, 0.5855]$

与最大贴近度对应的最优工艺参数组合为 $[85, 290, 60, 7]$。

为比较灰色关联分析在数据挖掘中的特点和优越性,以单目标数列分析得到的最优值作为数组,分析邓氏灰色关联分析和灰色关联分析基于理想解分别找到的数组,相对最优值的靠近度。把一个数组视为一个坐标点,通过计算两点之间的距离,判别数组的优化程度。灰色关联分析优化比较如表 6-7 所示。从表中可以看出,理想解和灰色关联的集成比邓氏灰色关联的寻优结果要好。

表 6-7 灰色关联分析优化比较

分类	组合	最大体积收缩率 $R1$(%)	最大轴向变形 $R2$(mm)
最优值组成的数列组合	—	7.685	0.0064
邓氏灰色关联的最优数列组合	[85,290,70,9]	8.331	0.0101
理想解和灰色关联的最优数列组合	[85,290,60,7]	8.711	0.0063
$R1$ 单目标最优的组合	[65,270,80,7]	7.832 (7.6850)	0.0149
$R2$ 单目标最优的组合	[85,290,60,7]	8.711	0.0071 (0.0064)

注:括号里面的数字为响应面预测值,其他为模流分析的实际值。

灰色关联分析法存在分辨系数的选取主观性较大,比较序列曲线空间位置不同、因素权重归一化而影响关联度,以及取平均值求关联度影响评价准确性等缺点。通过改进的灰色关联分析法,引入理想解和负理想解的距离,把各方案与理想解的相对贴近度作为评价目标,有效降低了综合评价的波动,使综合评价结果能较好反映成型品质。分辨系数 ζ 取不同值时对综合评价的影响如图 6-6 所示。结果表明,在不同分辨系数条件下,方案 13 均排位第一,与灰色关联度和理想解法的组合方法所得结果一致。

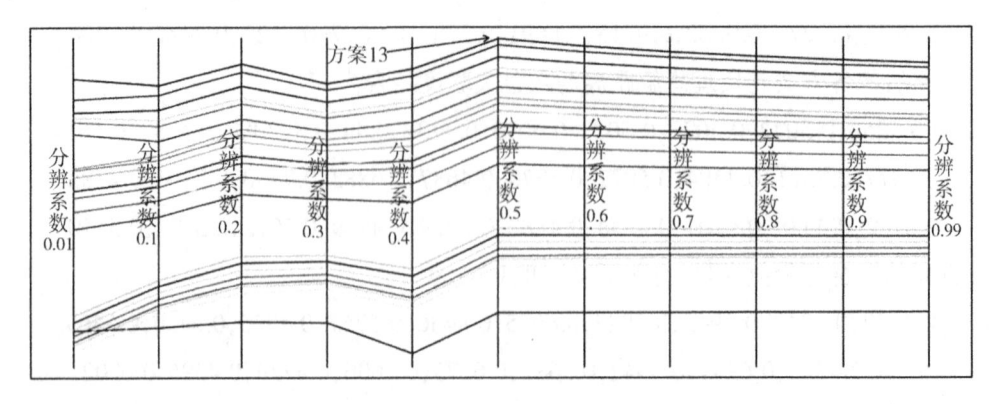

图 6-6 分辨系数 ζ 取不同值时对综合评价的影响

第6章 Taguchi-RSM-GRA的集成在细长杆注塑成型工艺多目标优化中的应用

6.7 小结

（1）本章提出了基于Taguchi正交试验和灰色关联分析相结合的多目标优化方法，并针对细长杆的注塑成型工艺参数进行了多目标稳健优化设计，利用Taguchi正交试验和响应面可以有效减少试验次数，利用灰色关联分析能兼顾多重品质特性，使得各个品质皆能获得良好改善。经实例验证，本书提出的多目标优化的方法在工程上有重要意义。

（2）对于PP材料，提出了一种影响因素为连续因子的最优参数寻求方法，通过建立灰色关联度与影响因素的响应曲面，构建细长杆注塑成型工艺的预测模型，可以在优化参数的连续空间中寻求最优组合，该方法的预测误差不超过10^{-4}，最优工艺参数组合为模具温度50.3 ℃、熔体温度250 ℃、保压压力29 MPa、保压时间8.3 s，而通过极差分析的离散最优工艺参数组合为模具温度50 ℃、熔体温度250 ℃、保压压力30 MPa、保压时间9 s，可以看出前者更精确。

（3）由于灰色关联度法在反映距离尺度方面有一定的缺陷，而理想解法中的距离比较概念正好能够很好地体现各非劣解数据曲线与理想解数据曲线位置上的关系。因此，本书分别以灰色关联系数和灰色关联度与理想解的集成——贴近度，研究了细长杆PC材料的最优工艺参数组合。比较结果证明，基于灰色关联度与理想解的集成——贴近度的结果更优。

第7章 细长杆多腔模注塑成型工艺实证研究

7.1 引言

前面进行的大部分研究都是通过计算机模拟的。一般来说,这种模拟的结果是可以接受的,但是在某些情况下,模拟的结果和试验的结果是有差异的。为了获得准确的结果,虽然试验研究的费用高昂,但是很有必要。

细长杆多腔模平衡布局的产品质量一致性的试验指标必须是可以测量的,这和仿真试验稍有不同,结合产品装配要求和企业检验设备的实际,把产品的重量和轴向尺寸作为检测和衡量的目标。

根据稳健性设计要求,稳健性产品对制造工艺、环境、使用条件和材质的变化等因素是不敏感的,若以质量平均损失函数来计算产品的偏差和波动,则有

$$E|\{L(y)\}| = E|(y-y_0)^2|$$
$$= E|\{(y-\bar{y})^2 + (\bar{y}-y_0)^2\}|$$
$$= \sigma_y^2 + \delta_y^2$$

式中,y 为产品质量特性;y_0 为目标值;$\bar{y}$ 为质量特性的期望值或均值;$\sigma_y^2 = E|(y-\bar{y})^2|$ 为质量指标的方差,第3章到第6章的运算中已经用到;$\delta_y^2 = (\bar{y}-y_0)^2$ 为质量特性指标的绝对偏差,即灵敏度。

本试验以 $\delta_y^2 = (\bar{y}-y_0)^2$ 为一模四腔产品的质量一致性验收指标,分别对产品的重量和轴向尺寸进行综合分析。

7.2 模具设计

综合模流分析结果,根据现有的生产设备及经济条件,本模具采用一模四腔平衡流道设计(方案1),模具结构如图7-1所示。模具工作原理:模具闭合填充,经过保压冷却后,进入开模阶段,动模在注塑机移动工作台带动下后退,斜导柱驱动斜滑块完成抽芯,浇注系统凝料在拉料杆的作用下同制件一起后退,分型到一定距离后,推出机构开始动作,将制件脱离模具,进入下一个动作循环。

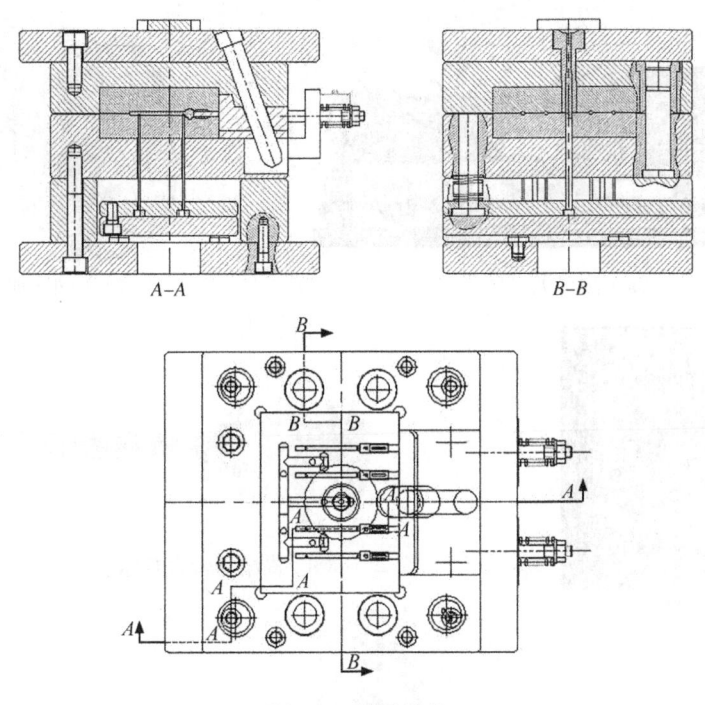

图 7-1　模具结构

7.3　试验部分

7.3.1　试验材料

(1) PP，台湾李长荣公司生产，型号为 Globalene 6331，固体密度为 0.928 89 g/cm³。
(2) PC，韩国 Sam Yang 公司生产，型号为 Trirex 3020，固体密度为 1.1853 g/cm³。
(3) ABS，(LNEOS) 朗盛公司生产，型号为 Absolac 100，固体密度为 1.0401 g/cm³。
以上原料购于东莞晟达塑胶原料公司。

7.3.2　试验设备

本试验用到的设备如图 7-2 所示。
(1) 注塑机：温州爱好笔业试模注塑机，型号为海达 HDX438。
(2) 油式加热模温机：型号为 CTM-3630。
(3) 模具：一模四腔平衡流道。
(4) 高精密带表游标卡尺：精度 0.01 mm，德国制造。
(5) 高精密电子秤：型号为 XP26。

（a）注塑机 （b）油式加热模温机

（c）模具 （d）高精密带表游标卡尺

（e）高精密电子秤

图 7-2　试验设备

7.3.3　优化参数的试验验证

通过优化前后的参数在注塑机上试模,对注塑产品编号,如图 7-3 所示。优化前后的产品各注塑 10 次,任取 1 次,在高精密电子秤上进行称重,比较优化前后注塑产品重量的变化情况,如图 7-4 所示,试验结果验证了前述理论分析和优化设计的正确性。

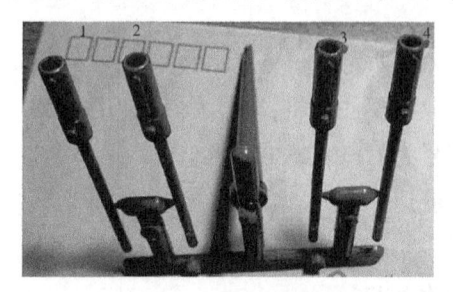

图 7-3　注塑产品编号

第7章 细长杆多腔模注塑成型工艺实证研究

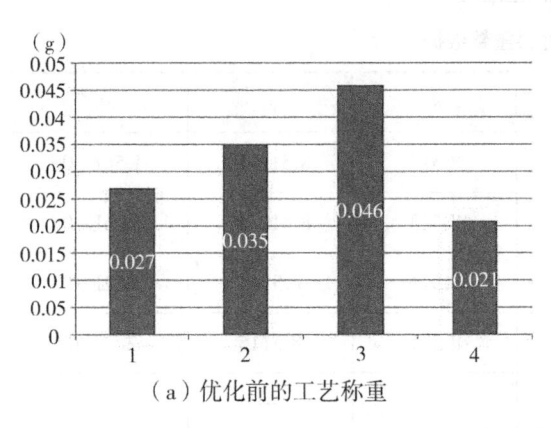

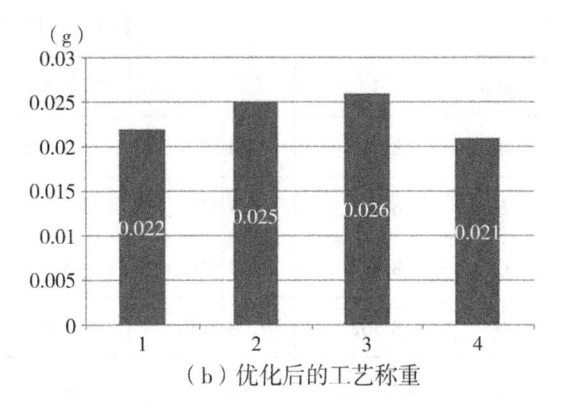

图 7-4 优化前后注塑产品重量

注：注塑产品的重量为 6 g 加上图中标示数，为了更好地显示质量变化，故去掉整数。

分别对前面章节的最优工艺参数组合进行现场试模，PP 材料、PC 材料、ABS 材料分别采用前述灰色关联分析所得的最优数据组合[50.3,250,29,8.3]、[85,290,60,7]、[65,230,49,11]，试模稳定后，进行笔杆的批量生产，每间隔 20 分钟对产品取样，A、B、C、D 分别共取 4 次，24 小时后用高精密带表游标卡尺测量笔杆的最大轴向尺寸，并用高精密电子秤测量试模稳定后的产品重量，得到的相关数据如表 7-1 至表 7-6 所示。分析笔杆产品两个质量特性指标的绝对偏差。

表 7-1 PP 材料重量数据

取样	1	2	3	4	$\bar{y}_1$	$\delta_{y_1}^2$
A	6.025	6.025	6.028	6.023	6.025 25	6.25E-08
B	6.025	6.026	6.026	6.026	6.025 75	5.62E-07
C	6.023	6.026	6.023	6.026	6.0245	2.5E-07
D	6.025	6.025	6.025	6.026	6.025 25	6.25E-08
$\bar{y}$	6.0245	6.0255	6.0255	6.025 25	—	—
δ_y^2	2.5E-07	2.5E-07	2.5E-07	6.25E-08	—	—

表 7-2 PP 材料最大轴向尺寸数据

取样	1	2	3	4	$\bar{y}_1$	$\delta_{y_1}^2$
A	63.44	63.52	63.5	63.49	63.4875	0.000 156
B	63.5	63.51	63.52	63.45	63.495	2.5E-05
C	63.48	63.53	63.51	63.48	63.5	5.05E-29
D	63.51	63.52	63.53	63.5	63.515	0.000 225
$\bar{y}$	63.4825	63.52	63.515	63.48	—	—
δ_y^2	0.000 3063	0.0004	0.000 225	0.0004	—	—

表 7-3 PC 材料重量数据

取样	1	2	3	4	$\bar{y}_1$	$\delta^2_{y_1}$
A	8.511	8.509	8.512	8.517	8.512 25	1.56E−06
B	8.502	8.515	8.513	8.513	8.510 75	6.25E−08
C	8.524	8.514	8.517	8.511	8.5165	3.02E−05
D	8.502	8.511	8.522	8.511	8.5115	2.5E−07
$\bar{y}$	8.509 75	8.512 25	8.516	8.513	—	—
δ^2_y	1.562E−06	1.563E−06	2.5E−05	4E−06	—	—

表 7-4 PC 材料最大轴向尺寸数据

取样	1	2	3	4	$\bar{y}_1$	$\delta^2_{y_1}$
A	63.49	63.52	63.5	63.49	63.5	0
B	63.5	63.51	63.52	63.5	63.5075	5.63E−05
C	63.5	63.5	63.51	63.51	63.505	2.5E−05
D	63.51	63.5	63.5	63.48	63.4975	6.25E−06
$\bar{y}$	63.5	63.5075	63.5075	63.495	—	—
δ^2_y	0	5.625E−05	5.625E−05	2.5E−05	—	—

表 7-5 ABS 材料重量数据

取样	1	2	3	4	$\bar{y}_1$	$\delta^2_{y_1}$
A	7.469	7.472	7.472	7.467	7.47	1E−06
B	7.465	7.47	7.468	7.47	7.468 25	5.63E−07
C	7.463	7.466	7.476	7.466	7.467 75	1.56E−06
D	7.465	7.472	7.472	7.465	7.4685	2.5E−07
$\bar{y}$	7.4655	7.47	7.472	7.467	—	—
δ^2_y	1.225E−05	1E−06	9E−06	4E−06	—	—

第7章 细长杆多腔模注塑成型工艺实证研究

表 7-6 ABS 材料最大轴向尺寸数据

取样	1	2	3	4	$\bar{y}_1$	$\delta_{y_1}^2$
A	63.46	63.52	63.5	63.49	63.4925	5.62E-05
B	63.49	63.51	63.51	63.49	63.5	0
C	63.5	63.52	63.51	63.51	63.51	1E-04
D	63.55	63.49	63.52	63.48	63.51	1E-04
$\bar{y}$	63.5	63.51	63.51	63.4925	—	—
δ_y^2	0	0.0001	1E-04	5.625E-05	—	—

优化前后的产品如图 7-5 所示。通过对优化后的产品进行表面观测及测量发现：产品表观品质较好，不存在肉眼可看到的差异，尺寸相对稳定，尺寸的不一致现象基本消除，完全符合设计要求。

通过对比优化前后的结果，本书所述的研究方法有效地提高了该产品的良品率，且优化结果与试验结果具有较高的吻合度，产品生产质量稳定，尺寸及重量波动小，验证了本研究在指导生产实践方面具有一定的可行性与合理性。

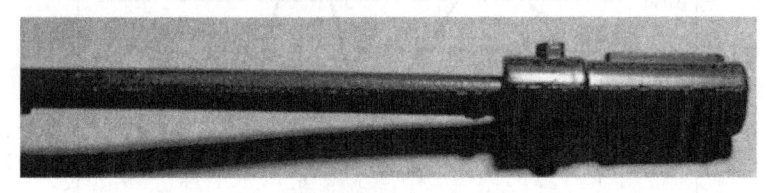

(a) 优化前的产品

(b) 优化后的产品

图 7-5 优化前后的产品

7.3.4 实测值与 GA-BP 误差比较

按照 GA-BP 试验方案，共得出 30 组试验样本，训练数据处理建模及优化过程采用本研究相关技术。最大轴向尺寸模型训练成功后，随机建立 9 组参数，进行预测，并在机床上测试，24小时后实测最大轴向尺寸，比较实测值与预测值的差值，结果如表 7-7 和图 7-6 所示。

表 7-7 实测值与预测值的差值

试验号	试验因素				实测值与预测值的差值(mm)
	模具温度 A(℃)	熔体温度 B(℃)	保压压力 C(MPa)	保压时间 D(s)	
1	50	210	26	7	0.005
2	50	250	26	9	0.027
3	50	210	26	11	0.037
4	70	250	30	7	0.02
5	40	270	30	9	0.005
6	40	230	30	13	0.052
7	50	250	34	11	0.003
8	30	250	34	7	0.004
9	70	230	26	11	0.005

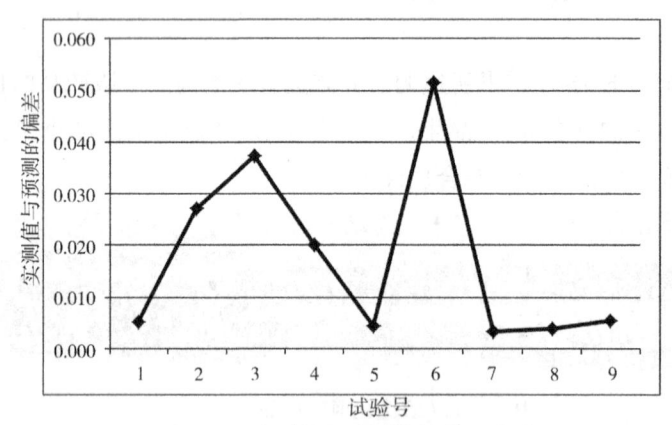

图 7-6 实测值与预测值的偏差波动

从实测值与预测值的比较看,实测值与预测值的偏差在给定的误差范围内波动。

7.4 小结

通过现场试验对前述优化及预测算法的验证,结果表明,多种优化方法的集成可以大大提高优化工艺的精度。基于在线和离线检测联合、建模和多目标优化方法为注塑产品品质优化提供了新的方法。产品的品质有些是外在的,如重量、尺寸,可以通过在线检测给出数据。有些是内在的,如翘曲、熔接痕等,需要数值模拟。二者的结合可以充分地表达产品质量指标。对于大型复杂的产品,数值模拟和 GA-BP 的集成可以节省大量的时间和成本。

多目标的存在也给我们的研究提供了新的方向,多目标的优化整合,产品的多个指标可能存在一定的联系,有些是相互冲突的,有些对产品质量的评价趋势是一致的,单纯地通过给予权重,或者模糊理论的权重分配,可能会弱化优化的效果,因此需要一定的方法和算法来研究目标内部的关系。

第8章 结论与展望

8.1 结论

在多腔模塑料注塑成型工艺中,工艺参数的选择起着至关重要的作用,其确定原则是通过选择合适的温度、压力和时间,保证塑料能均匀填充型腔、均匀冷却,以高效率地生产高质量的制件。本书深入研究了细长杆多腔模注塑成型工艺,针对熔体填充不平衡问题,提出了通过改善工艺解决各种原因造成的多腔模产品的质量不一致,采用多种优化方法集成的设计方法,实现了细长杆多腔模注塑成型工艺的多目标、多参数优化。主要研究内容和结论有以下5个方面。

(1)借鉴传统注塑成型中熔体充模流动理论的研究方法,引入合理的假设与必要的简化,构建了细长杆注塑成型中熔体充模流动的数学模型,分析了平衡设计的流道中引起填充不平衡的各种因素,提出通过优化工艺参数,改进多腔模产品质量的思路,设计了一种基于平衡布置的一模四腔圆珠笔笔弹模具,通过试验验证了理论分析和优化结果。

(2)基于 Taguchi-CAE 的集成对比分析了普通正交试验和基于信噪比的 Taguchi 正交试验的优化精度。通过比较不同材料的成型工艺主次影响顺序和最优水平组合,结果表明,基于信噪比的 Taguchi 正交试验优于普通正交试验,工艺参数对黏度越高的材料的成型品质改善越明显。

(3)基于 Taguchi-RSM-CAE 的集成分析了各因素之间的交互作用,建立了 PP 材料、PC 材料细长杆的响应面回归模型,求出了连续空间的最优工艺参数组合,并进一步提高了寻优精度。和正交试验相比较,响应面法的精度更高,多腔模填充平衡性更好。

(4)基于遗传算法和神经网络的集成,应用正交阵列和遗传算法训练 BP 神经网络,建立了基于 GA-BP 的产品精度预测模型,用于预测目标值,大大减少了试验次数。通过该预测模型对优化结果进行预测。结果表明,将 GA-BP 应用于产品优化更有效率。

(5)提出了 Taguchi-RSM-GRA 的集成优化方法,实现了细长杆多腔模注塑成型多因素、多目标集成优化,探讨了注塑工艺参数对成型品质的影响规律。提出了基于灰色关联和理想解法的注塑工艺多目标优化的改进优化措施,并通过试验验证了改进后两个目标的填充平衡性得到了很大的提高。

8.2 展望

通过对本书内容的总结,结合个人的学习体会,作者认为还需要在以下方面开展进一步的深入研究。

(1)运用流道翻转技术,分析抬高流道后黏性剪切应力导致的不平衡现象的改善。运用能够分析流道横截面熔体温度分布的软件,通过抬高或降低流道截面位置,研究熔体填充的动态演化过程,并运用到其他复杂产品的注塑成型中,分析多种算法的集成对产品质量的改善效果。

(2)双响应面的稳健设计,同时降低标准差和减少偏差,不仅要使产品质量特性的均值尽可能地达到目标值,即 $\delta_y^2 = (\bar{y} T)^2 \to \min$;还要使因各种干扰因素引起的波动的方差尽可能小,即 $\sigma_y^2 = E(y - \bar{y})^2 \to \min$,建立二者双响应面的稳健模型。

(3)冲突目标的模糊权重分配问题在多腔模塑料注塑成型工艺多目标的权重分配。

(4)引入更多的评价目标,通过多目标优化模型进行评价。

(5)由于 GA-BP 算法具有良好的并行性,应进一步发展使之成为求解大规模多目标工程优化设计的高性能并行算法。

(6)基于面向对象的 GA-BP 人机交互寻优软件的开发。

参 考 文 献

[1] 李德群,陈兴,叶显高,等. 多型腔注塑模浇注系统的平衡计算与研究[J]. 中国塑料, 1994,8(3): 55-63.

[2] 唐明真,胡青春,姜晓平. 多型腔注塑模浇注系统设计及 CAE 分析[J]. 塑料工业, 2009,37(6): 32-35.

[3] 王波,王震,田志飞,等. 组合型腔注塑模浇注系统的平衡设计与优化[J]. 塑料工业, 2011,39(8): 62-64.

[4] 杨方洲,杨晓东. 基于 SIM 的多型腔注塑模具流动平衡优化[J]. 工程塑料应用,2012, 40(9): 44-47.

[5] 陈静波,陆宜清,祁东霞. 多型腔注塑模的流动平衡计算与分析[J]. 工程塑料应用, 2004,32(9): 54-57.

[6] 余晓容,申长雨,陈静波,等. 多型腔注射模浇注系统优化设计[J]. 工程塑料应用, 2004,32(4): 49-52.

[7] 陆建军,袁国定,韩阳飞. 注塑模多型腔流道优化设计[J]. 农机化研究,2005(5): 132-133.

[8] Lee B H, Kim B H. Automated design for the runner system of injection molds based on packing simulation [J]. Polymer-Plastics Technology and Engineering,1996,35(1): 147-168.

[9] 余磊,刘斌,陈静波,等. 影响多型腔注射模不平衡充填因素的模拟研究[J]. 塑料, 2011,40(1): 109-113.

[10] 姜开宇,段飞,田净娜. 注射成型过程中复合材料在型腔内流动行为的可视化实验[J]. 高分子材料科学与工程,2012,28(11): 129-132.

[11] 孟瑞艳. 注塑成型中一些流动与传热问题的解析分析[D]. 郑州大学,2010.

[12] 陈静波,申长雨,横井秀俊. 多型腔注射模充填不平衡试验[J]. 机械工程学报,2007, 43(10): 170-174.

[13] Chen C S. Determination of the injection molding process parameters in multicavity injection molds [J]. Journal of reinforced plastics and composites,2006,25(13): 1367-1373.

[14] Chien C C, Peng Y H, Yang W L, et al. Effects of melt rotation on warpage phenomena in injection molding[C]. ANTEC-CONFERENCE PROCEEDINGS. 2007,1: 571.

[15] Tsai K M. Runner design to improve quality of plastic optical lens [J]. The International

Journal of Advanced Manufacturing Technology,2013: 1-14.

[16] Rose D M. Flash Free Molding and Reduced Cure Times by Using In-Mold Rheological Control Systems [J].

[17] Hoffman D A. Reducing mold commissioning &lead times in thermoset plastic molding[D]. Lehigh University, Doctor.2007.

[18] Takarada R K. An experimental investigation of runner based flow imbalanced during injection molding processes in multicavity molds [D].Lehigh University, Master,2006.

[19] Lin C M, Cheng C H, Shyu S H, et al. Filling Imbalances Analysis of Multi-Cavity Injection Molding Based on the Taguchi Method [J]. Advanced Science Letters, 2012,8(1): 529-533.

[20] Low M L H, Lee K S. Mould data management in plastic injection mould industries [J]. International Journal of Production Research,2008,46(22): 6269-6304.

[21] Bozdana A T, Eyercioğlu Ö. Development of an expert system for the determination of injection moulding parameters of thermoplastic materials: EX-PIMM [J]. Journal of materials processing technology,2002,128(1-3): 113-122.

[22] Cardozo D. Three models of the 3D filling simulation for injection molding: a brief review [J]. Journal of Reinforced Plastics and Composites,2008,27(18): 1963-1974.

[23] Chang T C, Faison E. Shrinkage behavior and optimization of injection molded parts studied by the Taguchi method [J]. Polymer Engineering & Science,2001,41(5): 703-710.

[24] Handbook of plastic optics [M]. Wiley-VCH,2011.

[25] Shen Y K, Liu J J, Chang C T, Chiu C Y. Comparison of the results for semisolid and plastic injection molding process [J]. International Communications in Heat and Mass Transfer,2002,29(1): 97-105.

[26] Mehat N M, Kamaruddin S. Investigating the effects of injection molding parameters on the mechanical properties of recycled plastic parts using the Taguchi method [J]. Materials and Manufacturing Processes,2011,26(2): 202-209.

[27] Bharti P K, Khan M I, Singh H. Six Sigma Approach for Quality Management in Plastic Injection Molding Process: A Case Study and Review[J].International Journal of Applied Engineering Research,2011,6(3):303-314.

[28] Zhao J, Mayes R H, Chen G E, Xie H. Effects of process parameters on the micro molding process [J]. Polymer Engineering & Science,2003,43(9): 1542-1554.

[29] Huang M C, Tai C C. The effective factors in the warpage problem of an injection-molded part with a thin shell feature [J]. Journal of Materials Processing Technology, 2001,

110(1): 1-9.

[30] Chiang K T. The optimal process conditions of an injection-molded thermoplastic part with a thin shell feature using grey-fuzzy logic: A case study on machining the PC/ABS cell phone shell [J]. Materials & design, 2007, 28(6): 1851-1860.

[31] Chen W C, Fu G L, Tai P H, et al. Process parameter optimization for MIMO plastic injection molding via soft computing [J]. Expert Systems with Applications, 2009, 36(2): 1114-1122.

[32] Kurtaran H, Ozcelik B, Erzurumlu T. Warpage optimization of a bus ceiling lamp base using neural network model and genetic algorithm [J]. Journal of materials processing technology, 2005, 169(2): 314-319.

[33] Ozcelik B, Erzurumlu T. Comparison of the warpage optimization in the plastic injection molding using ANOVA, neural network model and genetic algorithm [J]. Journal of materials processing technology, 2006, 171(3): 437-445.

[34] Liao S J, Chang D Y, Chen H J, et al. Optimal process conditions of shrinkage and warpage of thin-wall parts [J]. Polymer Engineering & Science, 2004, 44(5): 917-928.

[35] Tsai K M, Hsieh C Y, Lo W C. A study of the effects of process parameters for injection molding on surface quality of optical lenses [J]. Journal of materials processing technology, 2009, 209(7): 3469-3477.

[36] Shie J R. Optimization of injection molding process for contour distortions of polypropylene composite components by a radial basis neural network [J]. The International Journal of Advanced Manufacturing Technology, 2008, 36(11-12): 1091-1103.

[37] Lam Y C, Zhai L Y, Tai K, Fok S C. An evolutionary approach for cooling system optimization in plastic injection moulding [J]. International journal of production research, 2004, 42(10): 2047-2061.

[38] Mok S L, Kwong C K, Lau W S. Review of research in the determination of process parameters for plastic injection molding [J]. Advances in polymer technology, 1999, 18(3): 225-236.

[39] Dowlatshahi S. An application of design of experiments for optimization of plastic injection molding processes [J]. Journal of Manufacturing Technology Management, 2004, 15(6): 445-454.

[40] Park K, Ahn J H. Design of experiment considering two-way interactions and its application to injection molding processes with numerical analysis [J]. Journal of materials processing technology, 2004, 146(2): 221-227.

[41] Islam M T, Thulasiraman P, Thulasiram R K. A parallel ant colony optimization algorithm

for all-pair routing in MANETs[C]. Proceedings International Parallel and Distributed Processing Symposium.IEEE,2003:259.

[42] Rao R S,Kumar C G,Prakasham R S,et al.The Taguchi methodology as a statistical tool for biotechnological applications: a critical appraisal [J]. Biotechnology journal, 2008, 3(4):510-523.

[43] Kirby E D,Zhang Z,Chen J C,et al.Optimizing surface finish in a turning operation using the Taguchi parameter design method [J]. The International Journal of Advanced Manufacturing Technology,2006,30(11-12):1021-1029.

[44] Kamaruddin S,Khan Z A,Foong S H. Application of Taguchi method in the optimization of injection moulding parameters for manufacturing products from plastic blend [J].International Journal of Engineering and Technology,2010,2(6):574-580.

[45] Mahfouz A,Hassan S A,Arisha A. Practical simulation application: Evaluation of process control parameters in Twisted – Pair Cables manufacturing system [J]. Simulation Modelling Practice and Theory,2010,18(5):471-482.

[46] Shim H J,Kim J K. Cause of failure and optimization of a V-belt pulley considering fatigue life uncertainty in automotive applications [J]. Engineering Failure Analysis, 2009, 16(6):1955-1963.

[47] Mohan N S,Ramachandra A,Kulkarni S M. Influence of process parameters on cutting force and torque during drilling of glass-fiber polyester reinforced composites [J]. Composite structures,2005,71(3-4):407-413.

[48] Ariffin M K A M,Ali M I M,Sapuan S M,et al.An optimise drilling process for an aircraft composite structure using design of experiments [J]. Scientific Research and Essays, 2009,4(10):1109-1116.

[49] Datta S,Bandyopadhyay A,Pal P K. Grey-based Taguchi method for optimization of bead geometry in submerged arc bead – on – plate welding [J]. The International Journal of Advanced Manufacturing Technology,2008,39(11-12):1136-1143.

[50] Liu S J,Chang J H. Application of the Taguchi method to optimize the surface quality of gas assist injection molded composites [J]. Journal of reinforced plastics and composites, 2000,19(17):1352-1362.

[51] Ozcelik B,Ozbay A,Demirbas E. Influence of injection parameters and mold materials on mechanical properties of ABS in plastic injection molding[J]. International Communications in Heat and Mass Transfer,2010,37(9):1359-1365.

[52] Li H,Guo Z,Li D. Reducing the effects of weldlines on appearance of plastic products by

Taguchi experimental method [J]. The International Journal of Advanced Manufacturing Technology,2007,32(9-10):927-931.

[53] Wu C H,Liang W J. Effects of geometry and injection-molding parameters on weld-line strength [J]. Polymer Engineering & Science,2005,45(7):1021-1030.

[54] Liu S J,Lin C H,Wu Y C. Minimizing the sinkmarks in injection-molded thermoplastics [J]. Advances in polymer technology,2001,20(3):202-215.

[55] Lan T S,Chiu M C,Yeh L J. An approach to rib design of injection molded product using finite element and taguchi method [J]. Information Technology Journal,2008,7(2):299-305.

[56] Erzurumlu T,Ozcelik B. Minimization of warpage and sink index in injection-molded thermoplastic parts using Taguchi optimization method [J]. Materials & design,2006,27(10):853-861.

[57] Shen C,Wang L,Cao W,et al. Investigation of the effect of molding variables on sink marks of plastic injection molded parts using Taguchi DOE technique [J]. Polymer-Plastics Technology and Engineering,2007,46(3):219-225.

[58] Song M C,Liu Z,Wang M J,et al.Research on effects of injection process parameters on the molding process for ultra-thin wall plastic parts [J]. Journal of materials processing technology,2007,187:668-671.

[59] Ozcelik B,Sonat I. Warpage and structural analysis of thin shell plastic in the plastic injection molding [J]. Materials & Design,2009,30(2):367-375.

[60] Ho N C,Lee S S G,Loh Y L,et al. A two-stage approach for optimizing simulation experiments [J]. CIRP Annals-Manufacturing Technology,1993,42(1):501-504.

[61] Chen R S,Lee H H,Yu C Y. Application of Taguchi's method on the optimal process design of an injection molded PC/PBT automobile bumper [J]. Composite Structures,1997,39(3):209-214.

[62] Mathivanan D,Nouby M,Vidhya R. Minimization of sink mark defects in injection molding process-Taguchi approach [J]. International Journal of Engineering,Science and Technology,2010,2(2):13-22.

[63] Deng J L. Introduction to grey system theory [J]. The Journal of grey system,1989,1(1):1-24.

[64] Fung C P. Manufacturing process optimization for wear property of fiber-reinforced polybutylene terephthalate composites with grey relational analysis [J]. Wear,2003,254(3-4):298-306.

[65] Fung C P, Huang C H, Doong J L. The study on the optimization of injection molding process parameters with gray relational analysis [J]. Journal of reinforced plastics and composites, 2003, 22(1): 51-66.

[66] Yang Y K. Optimization of injection-molding process of short glass fiber and polytetrafluoroethylene reinforced polycarbonate composites via design of experiments method: A case study [J]. Materials and manufacturing processes, 2006, 21(8): 915-921.

[67] Kuo C F J, Su T L. Optimization of injection molding processing parameters for LCD light-guide plates [J]. Journal of Materials Engineering and Performance, 2007, 16(5): 539-548.

[68] Chiang K T, Chang F P. Application of grey-fuzzy logic on the optimal process design of an injection-molded part with a thin shell feature [J]. International Communications in Heat and Mass Transfer, 2006, 33(1): 94-101.

[69] Chang S H, Hwang J R, Doong J L. Optimization of the injection molding process of short glass fiber reinforced polycarbonate composites using grey relational analysis [J]. Journal of Materials Processing Technology, 2000, 97(1): 186-193.

[70] Shen Y K, Chien H W, Lin Y. Optimization of the micro-injection molding process using grey relational analysis and moldflow analysis [J]. Journal of reinforced plastics and composites, 2004, 23(17): 1799-1814.

[71] Altan M. Reducing shrinkage in injection moldings via the Taguchi, ANOVA and neural network methods [J]. Materials & Design, 2010, 31(1): 599-604.

[72] Shie J R. Optimization of injection-molding process for mechanical properties of polypropylene components via a generalized regression neural network [J]. Polymers for Advanced Technologies, 2008, 19(1): 73-83.

[73] Kuo C F J, Su T L. Multiple quality characteristics optimization of precision injection molding for LCD light guide plates [J]. Polymer-Plastics Technology and Engineering, 2007, 46(5): 495-505.

[74] Deng Y M, Lam Y C, Britton G A. Optimization of injection moulding conditions with user-definable objective functions based on a genetic algorithm [J]. International journal of production research, 2004, 42(7): 1365-1390.

[75] Mok S L, Kwong C K, Lau W S. A hybrid neural network and genetic algorithm approach to the determination of initial process parameters for injection moulding [J]. The International Journal of Advanced Manufacturing Technology, 2001, 18(6): 404-409.

[76] Shen C, Wang L, Li Q. Optimization of injection molding process parameters using combination of artificial neural network and genetic algorithm method [J]. Journal of Materials

Processing Technology,2007,183(2):412-418.

[77] Chiang K T, Chang F P. Analysis of shrinkage and warpage in an injection-molded part with a thin shell feature using the response surface methodology[J]. The International Journal of Advanced Manufacturing Technology,2007,35(5-6):468-479.

[78] Ozcelik B, Erzurumlu T. Determination of effecting dimensional parameters on warpage of thin shell plastic parts using integrated response surface method and genetic algorithm[J]. International Communications in Heat and Mass Transfer,2005,32(8):1085-1094.

[79] Mathivanan D, Parthasarathy N S. Prediction of sink depths using nonlinear modeling of injection molding variables[J]. The International Journal of Advanced Manufacturing Technology,2009,43(7-8):654-663.

[80] Mathivanan D, Parthasarathy N S. Sink-mark minimization in injection molding through response surface regression modeling and genetic algorithm[J]. The International Journal of Advanced Manufacturing Technology,2009,45(9-10):867-874.

[81] Kurtaran H, Erzurumlu T. Efficient warpage optimization of thin shell plastic parts using response surface methodology and genetic algorithm[J]. The International Journal of Advanced Manufacturing Technology,2006,27(5-6):468-472.

[82] 姜开宇. 注射成型过程熔体前沿充填不平衡现象的试验研究[J]. 机械工程学报,2009,45(2):294-300.

[83] Fratila D, Caizar C. Application of Taguchi method to selection of optimal lubrication and cutting conditions in face milling of AlMg3[J]. Journal of Cleaner Production,2011,19(6-7):640-645.

[84] Karekar R N. Off-line quality control, Parameter design, and the Taguchi method[J]. Journal of Quality Technology,1985,17(4):176-188.

[85] Phadke M S. Quality engineering using robust design[M]. Prentice Hall PTR,1995.

[86] Nair V N. Abrdham B, Mackay J, et al. Taguchi's parameter design: A panel discussion[J]. Technimetrics,1992,34(2):127-161.

[87] Nair V N. Pregibon D. Discussion of "Signal-to-noise ratios, Performance criteria, and transformations"[J]. Technimetrics,1988,30(1):24-30.

[88] 陈立周. 稳健设计[M]. 北京:机械工业出版社,2000.

[89] Maneeboon T, Vanichsriratana W, Pomchaitaward C, et al. Optimization of lactic acid production by pellet-form Rhizopus oryzae in 3-L airlift bioreactor using response surface Methodology[J]. Applied Biochemistry Biotechnology,2010,161:137-146.

[90] 王万中. 试验的设计与分析[M]. 北京:高等教育出版社,2004.

[91] Baş D, Boyaci İ H. Modeling and optimization I: Usability of response surface methodology [J]. Journal of Food Engineering, 2007, 78(3): 836-845.

[92] Bezerra M A, Santelli R E, Oliveira E P, et al. Response surface methodology (RSM) as a tool for optimization in analytical chemistry [J]. Talanta, 2008, 76(5): 965-977.

[93] Liyana-Pathirana C, Shahidi F. Optimization of extraction of phenolic compounds from wheat using response surface methodology [J]. Food chemistry, 2005, 93(1): 47-56.

[94] Chen C C, Su P L, Lin Y C. Analysis and modeling of effective parameters for dimension shrinkage variation of injection molded part with thin shell feature using response surface methodology [J]. The International Journal of Advanced Manufacturing Technology, 2009, 45(11-12): 1087-1095.

[95] Box G E P, Behnken D W. Some new three level designs for the study of quantitative variables [J]. Technometrics, 1960, 2(4): 455-475.

[96] 孙骏, 秦宗慧. 基于响应面模型的注塑件工艺参数混合优化 [J]. 中国塑料, 2012 (11): 79-82.

[97] Plackett R L, Burman J P. The design of optimum multifactorial experiments [J]. Biometrika, 1946, 33(4): 305-325.

[98] 李吉泉, 黄志高, 崔树标, 等. 塑料特性对注射成形工艺的影响 [J]. 上海交通大学学报, 2009, 43(5): 847-850.

[99] 李吉泉, 姜少飞, 李德群. GPPS 材料特性对注塑制品尺寸的影响分析 [J]. 高分子材料科学与工程, 2010, 26(12): 160-163.

[100] 马宝胜. 响应面方法在多种实际优化问题中的应用 [D]. 北京: 北京工业大学, 2007.

[101] 丛爽. 面向 MATLAB 工具箱的神经网络理论与应用 [M]. 合肥: 中国科学技术大学出版社, 1998.

[102] 阎平凡, 张长水. 人工神经网络与模拟进化计算 [M]. 北京: 清华大学出版社, 2005.

[103] 王万良. 人工智能及其应用 [M]. 2 版. 北京: 高等教育出版社, 2008.

[104] 王旭, 王宏, 王文辉. 人工神经元网络原理与应用 [M]. 2 版. 沈阳: 东北大学出版社, 2007.

[105] Hornik K. Approximation capabilities of multilayer feedforward networks [J]. Neural networks, 1991, 4(2): 251-257.

[106] 贾晓亮, 米增. 神经元网络控制 [J]. 数字技术与应用, 2011(6): 165.

[107] Wang C H, Tong L I. Optimization of dynamic multi-response problems using grey multiple attribute decision making [J]. Quality Engineering, 2004, 17(1): 1-9.

[108] Huang S J, Chiu N H, Chen L W. Integration of the grey relational analysis with genetic algorithm for software effort estimation[J]. European Journal of Operational Research, 2008,188(3): 898-909.

[109] Kuo Y, Yang T, Huang G W. The use of grey relational analysis in solving multiple attribute decision-making problems[J]. Computers & Industrial Engineering, 2008,55(1): 80-93.

[110] Ding C, He X. K-means clustering via principal component analysis[C]. Proceedings of the twenty-first international conference on Machine learning. ACM, 2004: 29.

[111] Yeung K Y, Ruzzo W L. Principal component analysis for clustering gene expression data [J]. Bioinformatics, 2001,17(9): 763-774.

反侵权盗版声明

电子工业出版社依法对本作品享有专有出版权。任何未经权利人书面许可,复制、销售或通过信息网络传播本作品的行为;歪曲、篡改、剽窃本作品的行为,均违反《中华人民共和国著作权法》,其行为人应承担相应的民事责任和行政责任,构成犯罪的,将被依法追究刑事责任。

为了维护市场秩序,保护权利人的合法权益,我社将依法查处和打击侵权盗版的单位和个人。欢迎社会各界人士积极举报侵权盗版行为,本社将奖励举报有功人员,并保证举报人的信息不被泄露。

举报电话:(010)88254396;(010)88258888
传　　真:(010)88254397
E - mail:dbqq@phei.com.cn
通信地址:北京市万寿路南口金家村 288 号华信大厦
　　　　　电子工业出版社总编办公室
邮　　编:100036